機器學習
工作現場的評估、導入與實作

Deep Learning

有賀康顯、中山心太、西林孝　著

許郁文　譯

前言

機器學習在軟體工程師的世界，已是每天出現的詞彙。放眼全世界，也常聽到「人工智慧會搶走工作」、「不懂機器學習可不行」這類說法。會出現這種說法，是因為電腦打敗職業圍棋棋士，人們開始對人工智慧抱著莫大期待的緣故。在機器學習方面，處理大量資料的硬體持續進化，透過開源軟體使用最新演算法的 Framework 或程式庫的普及，也讓機器學習造成更大的影響。

隨著人們對機器學習的期待日益高漲，也有越來越多人希望我們「指導機器學習」。可喜的是，現在已有許多介紹機器學習 Framework 使用方法與撰寫方法的書籍或雜誌，原本不懂機器學習的軟體工程師也能更輕鬆地投入機器學習的世界。

最近有越來越多的資訊系學生在大學的課堂或研究學習機器學習的理論，這類學生在畢業後，也常成為軟體工程師。他們一邊活用所學的知識，一邊以機器學習工程師身分，推動相關的研究。

不過，即使透過 Coursera 這類線上課程、書籍或大學的研究課程學會機器學習的基礎與理論，也不知道該如何在職場活用或分析資料。該如何設計問題，該如何設計系統，的確很難坐在課堂裡學會。

本書介紹的內容

本書以下列的讀者為目標,整理機器學習與資料分析的工具該如何於職場應用,也介紹目前渾沌不明的機器學習專案如何發展。

- 學完機器學習的入門教材,想於實務應用的工程師
- 想將大學學到的機器學習經驗應用於專案的年輕工程師

更具體的是介紹下列的內容:

- 該如何啟動機器學習的專案
- 該如何讓機器學習與現存的系統互動
- 該如何收集機器學習的資料
- 該如何建立假設與分析

本書一開始是以機器學習初學者為對象,最後會提到理論,適合軟體工程師實務應用的形式。

市面上已有許多書籍介紹演算法,所以本書以第一次執行專案的讀者為對象,並以收集系統建置與學習的相關資源為主題,介紹「實際該怎麼做呢?」這類讀者覺得有興趣的內容。

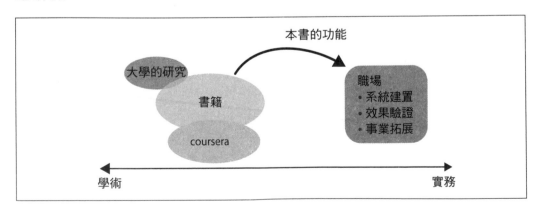

本書未提及的內容

另一方面,下列的讀者並非本書的目標:

- 機器學習的研究人員
- 想學習機器學習理論的人
- 想學習 scikit-learn 或 TensorFlow 這類機器學習 Framework 使用方法的人
- 想自行撰寫機器學習 Framework 的人

因此,本書也沒有介紹下列的內容:

- 機器學習的理論、演算法,尤其與機器學習有關的內容
- 程式的基礎知識
- 微積分、矩陣計算、機率計算這類高中數學

有些上司會提出「以人工智慧拿出成果」的要求,本書並未直接提及如何回應這類上司,不過各位讀者在讀完本書之後,若能知道該如何回應這類問題,或是懂得退一步思考,那將是作者的榮幸。

本書的前提

本書盡可能不使用太多的公式,雖然有些章節還是不得不使用,所以建議大家具備最低程度的數學知識與機器學習的基本知識。接受 Coursera 的 Machine Learning 線上課程[1],或是閱讀 O'Reilly 的《用 Python 進行深度學習的基礎理論實作》[dlscratch] 可能會比較理想。

此外,本書將解說 Python 與 scikit-learn 的程式碼。內文不會提及 Python 或 scikit-

---

1 https://www.coursera.org/learn/machine-learning

learn、Jupyter Notebook 的使用方法，欲知詳情的讀者請參考 scikit-learn 的文件 ²，或是 O'Reilly Japan 的《Deep Learning ｜用 Python 進行深度學習的基礎理論實作》及相關書籍。

本書的架構

本書共分兩大部分，第一部分整理了推動機器學習專案所需的知識，第二部分則說明實際的案例。

第一部分的內容屬於在實務使用機器學習的基礎知識，而第 1 章整理了機器學習專案是如何推動的，也複習機器學習的基礎知識以及電腦系統特有的難題。

第 2 章介紹機器學習的功能以及各種演算法，主要是以分門別類的方式介紹機器學習演算法的各種特徵。若不熟悉這類內容，可在這章決定該使用何種演算法或是學習演算法的分類方式。

第 3 章是介紹學習時該如何評估離線預測模型的方法。主要會以阻絕垃圾郵件的範例說明。

第 4 章則整理機器學習嵌入電腦系統的模型，連帶說明學習所需的歷程資訊設計。

第 5 章則說明如何在機器學習的分類工作收集正確資料的方法。

第 6 章是請西林先生撰寫的內容，主要是介紹統計的檢定、因果推論、A/B 測試這類用於驗證方案效果的內容。第 3 章的預測模型屬於離線驗證，而本章則解說實際採用後，該如何驗證的方法。這一章的內容非常重要，但同時也需要更多數學與統計的背景知識，所以若覺得有點難，可先跳過，日後再行閱讀。

2　http://scikit-learn.org/stable/documentation.html

更具實務性的第二部分,則會在第 7 章介紹推薦電影的預測系統。

後續的第 8 章與第 9 章由中山先生撰寫,第 8 章會介紹探索性的分析過程以及相關的報告,可了解在第 1 章的機器學習流程出現的「不進行機器學習」的範例的分析結果該如何統整。

第 9 章則學習以 Uplift Modeling 這個方法進行更有效果的行銷。

本書的 Jupyter Notebook 程式碼可以透過以下網址取得:

https://github.com/oreilly-japan/ml-at-work

機器學習也是應用資料的手段之一,若能透過本書按部就班地學會這項解決問題的工具,那真的是作者無上的榮幸。

本書編排慣例

本書根據下列的規則標記。

粗體字(*Bold*)

> 新詞彙、強調的字眼與關鍵字都套用這個規則。

定寬字(`Constant Width`)

> 程式碼、命令、矩陣、元素、句子、選項、開關、變數、屬性、Key、函數、類型、類別、名稱空間、方法、模組、內容、參數、值、物件、事件、事件處理器、XML 標籤、HTML 標籤、巨集、檔案內容、命令的輸出結果都套用這個規則。若從內容參考變數、函數、關鍵字這類內容,也會套用這項規則。

加粗定寬字（**Constant Width Bold**）

　　使用者輸入的命令或文字都套用這項規則。也會用於強調程式碼。

 用於補充提示或有趣的事件。

 用於注意或警告程式庫的錯誤或常見問題。

使用範例程式

本書是要幫助讀者搞定手上的工作與專案。一般來說，讀者可以隨意在自己的程式或文件中使用本書的程式碼，但若是要重製程式碼的重要部分，則需要聯絡我們以取得授權許可。舉例來說，設計一個程式，其中使用數段來自本書的程式碼，並不需要許可；但是販賣或散布 O'Reilly Japan 書中的範例，則需要許可。例如引用本書並引述範例碼來回答問題，並不需要許可；但是把本書中的大量程式碼納入自己的產品文件，則需要許可。

還有，我們很感激各位註明出處，但並非必要動作。註明出處時，通常包括書名、作者、出版商、ISBN。例如：「有賀康顯、中山心太、西林孝　著『仕事ではじめる機械学習』（O'Reilly Japan 発行、ISBN 978-4-87311-825-3）」。

如果覺得自己使用程式範例的程度超出上述許可範圍，歡迎與我們聯絡：
japan@oreilly.co.jp。

目錄

第 1 ～ 6 章是為機器學習初學者撰寫的內容。雖然是帶領初學者進入這個世界的內容，但最後會提到理論，適合軟體工程師閱讀的實務內容。

目前已有許多書籍介紹演算法，所以本書主要介紹讀者覺得「實際會怎麼做？」的內容，例如推動專案的方法或收集系統建置、學習資源的方法。

本書盡量不介紹公式，但是，第 2 章可能對剛開始接觸機器學習的人有點困難，此時請用看目錄般瀏覽章節開頭的演算法使用流程表即可。若能接受 Coursera 的 Machine Learning[1] 課程，或是閱讀《從零開始建置 Deep Learning》[dlscratch] 這類書籍則更容易理解這章的內容。

本書是以使用 Python 的機器學習程式庫 scikit-learn[2] 為前提，介紹機器學習的內容。

1　https://www.coursera.org/learn/machine-learning
2　http://scikit-learn.org/stable/

## 第一章

推動機器學習專案的方法

本章統整的是推動機器學習專案的方法。

機器學習專案比開發一般的電腦系統還要求預測的準確度,也需要反覆的試作或重作,所以先了解重點再推動是非常重要的。一開始先從機器學習的概要介紹,後續再介紹專案的流程、機器學習特有的問題以及如何組織一個成功推動專案的團隊。

1.1 機器學習都如何應用?

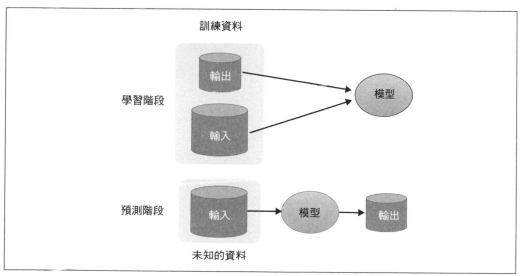

圖 1-1 機器學習(監督式學習)的概要

一開始先簡單複習一下，機器學習都如何應用。

機器學習常用於根據過去經驗（＝過去的資料）預測未知資料，例如 Gmail 的「垃圾郵件判斷」或 Amazon 的「買了這項商品的人，也買了這類商品」的推薦，都是根據過去龐大的資料預測未知的資料。

在商場最常用於預測未知資料的是**監督式學習**（Supervised Learning）。**圖 1-1** 說明了監督式學習的概要。簡單來說，監督式學習就是利用已知的資料與演算法算出輸入資料（圖片的 RGB、日期、氣溫這類數值的向量化結果）與輸出資料（「狗」、「貓」這類分類或降雨）的關聯性（這稱為**模型**），再從獲得的模型撰寫預測未知資料的程式。

 模型就是利用公式、規則這類簡單的機制逼近藏在輸入資料與輸出資料之間的關聯性。這種學習所得的模型是由使用的演算法以及從資料獲得的參數構成。

監督式學習分成得到已知資料的輸出入關聯性的**學習階段**與根據未知的輸入資料以及模型預測輸出的**預測階段**。獲得模型，也就是獲得代表輸出入關聯性的參數後，就能以固定的基準預測未知資料。人類熬夜進行連續的單純作業之後，這個判斷基準通常會下滑，但是機器學習的預測基準不會在學習階段受到影響，所以能比人類更穩定地根據大量資料進行預測。

順帶一提，除了監督式學習之外，還有其他的學習方式，例如根據輸入資料取得資料結構的**非監督式學習**（Unsupervised Learning）或探在圍棋、將棋這類情況擬訂戰略的**強化學習**（Reinforcement Learning），詳情將在第 2 章介紹）。

1.2 機器學習專案的流程

機器學習專案會以下列的流程推動。

1. 確定問題
2. 思考不使用機器學習比較好的方法
3. 思考系統的設計
4. 選擇演算法
5. 設計特徵值、訓練資料與歷程
6. 進行事前處理
7. 微調學習與參數
8. 嵌入系統

簡而言之，這個流程就是「將課題定位為利用機器學習解決的問題」（1、2）、「選擇解決問題的道具與事前處理」（3～6）、「建立模型」（7）、「嵌入服務」（8）這四個步驟。最初的課題設定與事前處理非常重要。就算手邊有大量的資料，若未完成事前作業，就無法發揮效果。人類很難解決的問題，大概也很難利用機器學習解決。尤其在「監督式學習」的情況下，人類必須告訴機器何謂「正確解答」，這也代表人類無法決定「正確解答」的問題，機器也無法解決這個問題。

在瀏覽「機器學習解決了這類課題」的實例時，請大家思考「是利用哪種演算法解決」、「是將哪些資料當成特徵值使用」、「是如何嵌入機器學習」的問題，再進行相關的搜尋（後續會進一步解說特徵值這個字眼，這裡可先視為輸入資料）。增加這類背景知識，就可判斷能利用機器學習解決的問題。

若沒有這類背景知識，又遇到「想利用機器學習做一些厲害的東西」的上司時，就會設計出不知該如何推動的專案，也很可能以失敗收場。重點在於釐清機器學習的應用範圍，然後動手設計。常言道「資料分析成功與否，事前處理佔八成」，要將格式錯誤的 CSV 以及網頁歷程整理成可分析的狀態，是需要耗費大量時間的。

開發部分功能為機器學習的系統時，通常得不斷地試作，尤其得一再地執行上述 4 ～ 7 的步驟。機器學習的理論研究是將 4 與 7 當成重點，而在職場則是得從 1 做到 8，所以有效率地重複試作是非常重要的。

接下來就為大家依序說明每個步驟。

1.2.1 確定問題

接著要像解決一般課題一樣，先確定要如何解決問題。此時的重點在於建立解決問題的目的，以及要解決什麼問題的假設，然後釐清該怎麼做。建置系統原本就會有一些商業上的目的，例如「改善業績」、「增加付費會員」、「減少產品生產成本」，而要達成「減少產品生產成本」這個課題，就必須提升「良率」，此時就能以像是「藉助機器學習的力量，找出不良率上升的問題」的方法，拆解出具體可行的方案。

在拆解問題的課題中，應該都會利用商業指標，也就是所謂的 KPI（Key Performance Indicator）決定業績目標或每日的付費會員增加數。這是與預測模型的功能不同座標軸的重要指標。KPI 本身有可能在不同階段改變，但在一開始拆解問題時，至少該假設一個 KPI。有關 KPI 的設定方法、目的與思考課題的邏輯或整理方法，可參考《Running Lean》[runninglean] 或《Lean Analytics》[leananalytics] 這類書籍。

機器學習可同時思考專案的目的與解決方案，藉此設定清楚的課題，例如「要提升線上商店的業績，就要每次推薦使用者商品」或是「要讓工廠的電力消費量達合理程度而預測消費電力」，但是錯誤的問題設定方式就是目的不明確的設定方式，例如「想增加付費會員」這類無法立刻採取行動的問題，或是「想利用深層學習做一些厲害的東西」這種目的。或許高層會丟出這種要求，但是在第一線執行的人，就必須拆解問題。

有關假設的訂立方式與驗證方法可參考 CookPad 開發者在部落格寫的「假設驗證與取樣規模的基礎」[1]文章。

1.2.2 思考不使用機器學習比較好的方法

接著要思考的是,「真的要使用機器學習」嗎?或許大家會覺得,不是要教怎麼推動機器學習專案的嗎?為什麼突然問這個,但是一如標題為「機器學習是技術性的高利貸信用卡」的論文 [dsculley],開發具有機器學習的系統通常會比一般的系統累積更多技術性的負債[2]。

要建置具有機器學習功能的系統,會遇到下列的問題。

- 有機率的處理,所以很難自動測試
- 長期使用下,輸入的傾向會隨著趨勢變化
- 處理管道會變得複雜
- 資料的互相連動關係會變得複雜
- 容易殘留實驗程式碼與參數
- 開發與正式使用的語言/ Framework 常會不一致

解決這些問題的方法會在後續的「1.3 系統實際常見的機器學習問題與處理方法」,而其中最大的問題在於「輸入資料的傾向會改變」這點。舉例來說,在處理文章的正負傾向時,如果遇到「糟糕」這個單字,在早期的文章裡會是負面的意思,但是在較新的文章裡,卻有可能會是正面的的意思,其他像是「Suica」這個單字,在日文是西瓜的意思,但也有電子錢包的意思,用法的趨勢會改變,也會出現新的單字。

---

1   http://techlife.cookpad.com/entry/2016/09/26/111601
2   所謂「技術債」是指留下沒有文件與測試程式碼,隨波逐流的設計與編譯警告,然後以資源為優先,將問題往後延的意思。細節請參考以下連結:
    https://zh.wikipedia.org/wiki/技術負債

像這樣輸入資料的傾向、趨勢在連續使用相同預測模型下改變時，就有可能發生預測準確度下滑的意外。為了避免這個意外，必須定期以新資料更新預測模型，有必要的時候，甚至要檢討特徵值，換言之就是要「不斷更新預測模型」。

此外，機器學習演算法常包含使用亂數的機率處理，絕對無法如同固定規則模式的處理一成不變，也不可能確認所有資料。就是期待能自動處理如此大量的資料才使用機器學習，所以必須有常會輸出意外的預測結果的心理準備，例如，Google 相簿之前曾將照片裡的非洲人辨識成大猩猩，引發種族歧視的爭議[3]。為了避免此時輸出「大猩猩」這個標籤，就必須追加後續的處理，但還是有可能會輸出這種意外的結果，此時必須建立能於後續介入的機制（例如將特定的標籤新增至黑名單）。

那麼該在哪些商場課題使用機器學習呢？我認為必須滿足下列的條件：

- 需要高速、穩定判斷大量資料的時候
- 容許預測結果出現一定程度的誤判

機器學習不像人類，不會因為疲勞而出現誤判，能以相同的基準判斷大量的資料，不過預測結果仍不是 100% 準確，所以使用時，必須建立能校正錯誤的機制。

滿足上述的條件後，第一步先建立 MVP（Minimum Viable Product）。MVP 的意思是在《精實創業》[leanstartup] 的文章裡，被認為是優良話題的內容，能產生最低程度的顧客價值的最精簡產品。那麼機器學習的 MVP 又是什麼？比方說，利用男女、年齡分析使用者屬性的交叉統計進行年齡層分類，再於規則模式對每個年齡層進行推薦如何？使用 Apache Solr 或 Elasticsearch 這類現有模組的 More Like This 功能不行嗎？這種能以統計基礎或現有的模組功能開發的功能也可稱為 MVP。當然，依照MVP 原則手動輸入內容，再利用簡單的規則進行分歧處理也已足夠派上用場。在筆者的經驗裡，有時候這種 MVP 反而更能充份發揮功能。

3　https://www.theguardian.com/technology/2015/jul/01/google-sorry-racist-auto-tag-photo-app

驗證 MVP 可判斷自己建立的假設的優劣。在問題設定與假設驗證的循環通常會比開發一般的電腦系統還要長，如果目標設定錯誤，有可能在建置系統與實驗之後，還得回到最初的問題設定步驟重新設定問題。事先釐清顧客的需求與概念這部分，比一般的專案都來得重要。

即使為了學習機器學習而開始的專案，若真的不需要使用機器學習，請大膽地改弦易轍，放棄使用。

確認是適合使用機器學習的課題，再以 MVP 完成最低程度的概念驗證後，即可開始設計系統。

1.2.3　思考系統的設計

釐清問題與驗證 MVP 之後，可開始設計機器學習的系統。設計的重點有兩個：

- 如何使用預測結果
- 在何處吸收錯誤的預測結果

第一個重點會因使用何種方法而有不同的答案，例如完成預測批次處理，再以 RDB（Relational Database）發佈預測結果或是利用網頁服務、應用程式，在非同步的情況下預測使用者的每個動作，都是以不同的方式使用預測結果。傳遞預測結果的方法請參考「第 4 章　在系統嵌入機器學習」。

機器學習沒有輸出 100% 解答的演算法，所以設計機器學習的系統時，必須思考該如何以整體系統或是人工彌補錯誤，也必須思考在何處彌補錯誤。在理解這些之後，控制整體系統的風險也是非常重要的。例如，建立以人工確認預測結果的階段或是確認預測結果沒有造成嚴重的不良影響後，在應用程式使用預測結果的方法。

此外，在彌補錯誤的階段結束後，就會進入實際動手收集資料或建立預測模型、建置系統的階段，所以在進入這個階段之前，必須先決定目標性能或停損線。開發機器學習的預測模型很常陷入改善預測模型的泥沼。如果在開發預測模型之前，就先收集學習資料以及製作正確解答的資料，就會累積一定的領域知識，然後以毫無根據的自信以為自己可以改良預測模型。有時候甚至得重新設定問題，然後不斷地改良預測模型。在因沉沒成本造成偏見之前，請先具體地決定「二個月之內要建置 90% 的預測性能」這類目標性能與停損線。有關預測性能的決定方式可參考「第 3 章　評估學習結果」。

1.2.4　選擇演算法

使用機器學習的時候，一定得思考要選用哪種演算法。

　演算法的選擇也可參考「第 2 章　機器學習的功能」。

調查過去類似的問題如何解決的，大概會有點頭緒。若不了解資料的特性，可使用集群演算法這類非監督式學習（將於第 2 章說明）或散佈圖矩陣（**圖 1-2**）找線索，思考該以何種演算法解決問題。

此外，也可以根據預測的資料量思考要選擇在線學習還是批次學習（將在「4.2.1　容易混淆的「批次處理」與「批次學習」」說明）就足以應付了。

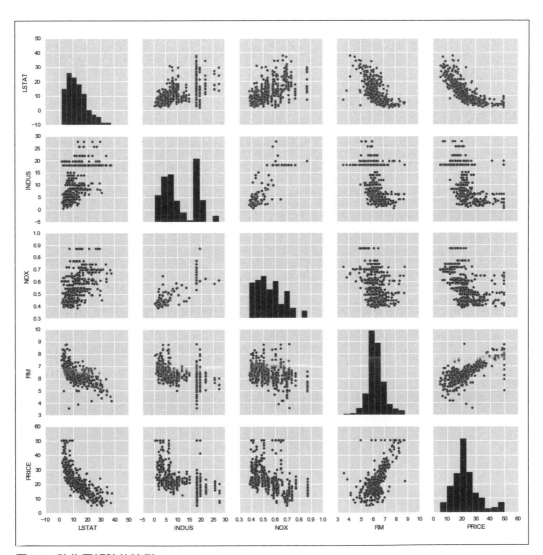

圖 1-2 散佈圖矩陣的範例

1.2.5 設計特徵值、訓練資料與歷程

找出鍾意的演算法之後,可設定哪些資料可以使用。

特徵值（Feature）[4] 指的是輸入機器學習預測模型的資訊。機器學習會先量化輸入的資訊，例如使用今日氣溫（1.0℃）、降雨量（0.8mm）、風速（0m）、積雪量（2cm）、天氣（陰天）預測明天會不會積雪時，可先製作量化這些條件的列表（例：`[1.0, 0.8, 0.0, 2.0, 1]`），而這個列表就是特徵向量。

「陰天」這類特徵值稱為**類別變數（Categorical Variable）**，是將晴天定為 0、陰天定為 1，轉換成數值資料再進行處理。這類數值資料則稱為**虛擬變數（Dummy Variable）**。scikit-learn 程式庫可利用 `LabelEncoder` 類別或 `OneHotEncoder` 類別將類別變數轉換成虛擬變數。

在古典的機器學習裡，特徵值是核心[5]。在此讓我們與具有商業領域知識的人確認使用者行動歷程、購買履歷、工廠的感測器資料這類機器學習的特徵值含有預測所需的資訊。舉例來說，要檢測渦輪的問題時，過去曾有根據經驗以榔頭敲敲看渦輪，然後收集聲音再找出問題的例子。邀請具備商業領域知識的人幫忙造成影響的因素，之後雖然可刪除多餘的資料，但之後就無法回溯必要的資料。

決定特徵值之後，可準備作為輸入資料的正確解答資料。**訓練資料**就是在解決監督式學習這種預測多個分類的問題時，需要的正確解答分類標籤（正確解答標籤）與原始資料。舉例來說，在打造圖像物體辨識系統時，必須先人工加上照片裡的「車子」、「狗狗」這類分類的正確解答。此外，這種分類在機器學習稱為**類別（class）**。要注意的是，這裡的類別與程式的類別不同。在職場，通常會使用監督式學習分類。

監督式學習的重點在於取得優質的正確解答標籤，因為品質的優異與問題能否順利解決息息相關。訓練資料的正確解答標籤該如何收集，可參考第 5 章的說明。

作為訓練資料使用的原始資料也常從網頁應用程式的歷程資料取得。有關篩選特徵值

4　在自然語言的分野裡，「feature」這個單字被譯成「徵性」，但在機器學習則譯成「特徵值」。
5　在深層學習的領域裡，使用類神經網絡比特徵值的設計更重要，例如辨識影像裡的物體就會使用 RGB 的值。

的歷程設計將於「4.3 歷程設計」詳細說明。可在設計歷程資料的時候再列出想到的
特徵值。這也是因為一旦開始收集歷程資料，要調整格式就得耗費不少成本，也會增
加許多調整格式也無法使用的資料。

1.2.6 進行事前處理

要進行哪些與工作有關的事前處理，在此無法一一介紹，不過，排除多餘的資訊，將
資料轉換成機器學習可使用的格式，絕對是重要的流程。在說明特徵值的時候，也說
明過機器學習的輸入資料就是能以 RDB 呈現的格式。網頁歷程的原始資料不是純文
字格式，也不是能直接使用的資料，即使是數值資料，也會因為有部分的感測器資料
無法取得而產生遺漏值，所以必須進行修正資料的處理，有時也得排除偏差值或是利
用正規表示式呈現數值，以免收到可取得的值的幅度影響。文字資料則必須分割成單
字，再計算出現頻率，或是排除很少出現的單字。轉換成先前介紹的類別變數或虛擬
變數就是在這個步驟執行。這類資料轉換可說是事前處理第一個最重要的步驟。

不管使用的演算法有多麼優異，都不比將資料整理成適當的格式來得重要，而且在實
務上，通常會在這部分耗費許多時間。

1.2.7 微調學習與參數

總算要讓機器開始學習了。決定學習的演算法之後，可試著調整演算法的參數，找出
能得到更佳結果的參數。第一步是先以人工賦予的正確解答或規則制定的正確解答，
決定基本的預測功能，再以超越基本預測功能為目標。

第一步通常會以利用邏輯迴歸這類相對單純的演算法與現有的程式庫、Framework 建
立單純的預測模型為目標。在多數情況下，都會有部分的資料不太正常。為了找出問
題，就得先利用單純的方法先建立預測模型。

如果一開始的預測模型就具有 99.9% 的準確率，那其中肯定有問題（感覺上就像是第一次寫的程式碼卻通過全數的測試一樣）。大部分的時候，這都是屬於過於符合訓練資料，無法適當預測未知資料的**過度擬合**（Overfitting）的問題或是訓練資料之中，摻雜了不該有的正確資料，導致預測準確率過高的 Data Leakage。

過度擬合、Data Leakage

簡單來說，過度擬合的模型就是「能答對所有訓練資料，卻完全無法答對未知的資料」的模型，這是能充份對應已知資料，卻無法針對未知資料預測的狀態。在我參加大學聯考那年，英文考試的出題走向突然改變，而在補習班擬訂完美應試計畫的人也大嘆「今年的走向完全改變，根本不會寫。其他人也一定不會寫吧」，現在想起來，某種程度這也算是一種過度擬合。反之，連未知的資料也能對應的模型稱為具有**泛化**（Generalization）功能的模型。

適合說明 Data Leakage 的範例之一就是 Kaggle 的癌症預測競賽資料裡，是否含有前列腺手術的旗標[6]。使用這筆資料的預測模型可達非常高的準確率，但是這種預測模型卻只能得到前列腺癌症患者會在得知罹患癌症之後接受手術的資料，完全無法預測未知資料。其他的例子還有預測時間軸資料時，通常會隨機切割訓練資料與驗證資料，製作預測未知資料的模型，結果未知的資料卻不小心混進訓練資料。

微調學習與參數之際，必須注意這些重點。要改善性能時，不能忘記觀察誤判的預測結果，找出誤判的原因，或是有沒有共通項的錯誤分析。如果還是找不出來，就應該回到步驟 4，考慮使用其他的演算法。

6　https://www.kaggle.com/wiki/Leakage

如何預防過度擬合？

預防過度擬合的方法有很多，若不想依賴演算法，可使用下列的方法：

1. 利用**交叉驗證**（Cross Validation）微調參數
2. 執行**正規化**（Regularization）
3. 觀察**學習曲線**（ Learning Curve）

交叉驗證指的是在學習時，將資料分割成**訓練資料**（Training Data）與評估用的**驗證資料**（Validation Data）測試性能，藉此得到不受特定資料影響，具有泛化性能的模型的方法。舉例來說，將資料分成 10 份，其中的 9 份當成訓練資料學習，剩下的一份當成驗證資料評估，然後重複這個流程 10 次，選出近似平均，性能優異的**超參數**（Hyper-parameter，類神經網路的隱藏層數量或邏輯迴歸的臨界值這類左右模型性能的參數）（scikit-learn 有 `cross_val_score()` 這種函數以及 GridSearchCV 這種類別，可輕鬆地完成交叉驗證）。

假設一開始先取得一成的資料，然後只用於最後的性能評估，就能與超參數的微調分開，進行獨立的性能評估。擷取出來的這一成資料稱為**測試資料**（Test Data）。此外，本書將訓練資料、驗證資料合併後的資料稱為**開發資料**（Development Data）。

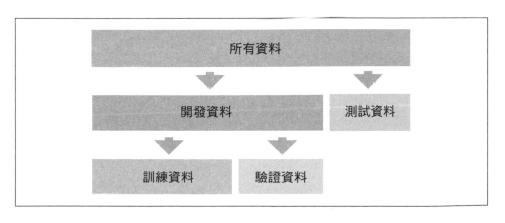

以全部都是正確的資料設定兩個類別分開的邊界，而是故意摻雜有點錯誤的類別資料，藉此強化處理未知資料的能力。細節請參考「2.2.2 邏輯迴歸」的說明。

學習曲線是指針對資料規模與重複學習次數，根據訓練資料與驗證資料的損失（或者稱為精確度）的變化繪製而成的圖表。有關損失的部分將在第 2 章說明，學習曲線的說明則請參考筆者的文章「這個模型是否過度擬合？還是無法學習？」[7]。

1.2.8 嵌入系統

恭喜大家得到性能優異的預測模型。接下來要將機器學習的邏輯嵌入系統。

此時要注意的是，監控預測性能以及商業效益（例如購買商品時的轉換率）。預測性能的監控可使用人工準備的資料以及正確解答標籤測量預測性能。

 這種成對的資料稱為**黃金標準**（Gold Standard）。

若是專注在預測模型的開發上，常常會忘記監控，但之所以要建立預測模型，通常都是希望改善業績目標、每天付費會員增加人數這類商業指標，換言之就是改善 KPI，所以必須時時監控這些數據的變化，再視情況改善性能。

一如「1.2.2 思考不使用機器學習比較好的方法」所述，長期運用機器學習，會使輸入的傾向產生改變，預測性能也會因此慢慢下滑，也有可能會瞬間劣化。KPI 指標惡化時，就必須回到步驟 5 ～ 7，重新設定。為了處理這類問題，請不斷地確認預測模

---

7 http://chezou.hatenablog.com/entry/2016/05/29/215739

型是否對生意有貢獻，然後繼續改善預測模型，別讓「嵌入系統成為終點」。

此外，為了持續改善而建立的組織也非常重要，例如能徹底追蹤 KPI 的儀表板，或是在發生異常時，顯示警告訊息的系統，以及隨時都能採取行動的體制都非常重要。

1.3 系統實際常見的機器學習問題與處理方法

「1.2.2 思考不使用機器學習比較好的方法」也有提到，系統常見的機器學習問題如下：

1. 有機率的處理，所以很難自動測試
2. 長期使用下，輸入的傾向會隨著趨勢變化
3. 處理管道會變得複雜
4. 資料的互相連動關係會變得複雜
5. 容易殘留實驗程式碼與參數
6. 開發與正式使用的語言／Framework 常會不一致

整理之後，可做出只追求預測性能時，會讓模型變得難以更新，系統的複雜度會變高，維護性會降低，也難以追蹤變化。

要解決這類問題，就要以變化為前提設計系統，而要如此設計，就必須重視下列幾點（括號內的數字是對應的問題）：

- 以人工建立黃金標準資料，監控預測性能（1、2、4）
- 讓預測模型模組化，以便執行演算法的 A/B 測試（2）
- 管理模型的版本，以便隨時可還原（4、5）
- 儲存資料處理的每個管道（3、5）
- 讓開發／正式環境的語言／Framework 的種類一致（6）

以下將依序說明上述五點。

1.3.1 以人工建立黃金標準資料，監控預測性能

建立黃金標準資料的部分請參考「1.2.8 嵌入系統」的內容。機器學習的預測結果包含機率性的處理，所以很難以具有決定性答案的自動測試，驗證每個預測結果。所以，要利用事先準備的資料與正確解答測試預測性能，再監控結果的變化，如此一來，就能在監控預測性能之後，解決第 1 項無法自動測試的問題。此外，第 2 項的輸入傾向產生變化這點，也能利用儀表板監控預測性能，再設立臨界值，一旦超過臨界值就顯示警告訊息，藉此察覺長期運用之後的傾向變化。4 的問題則常在正式環境底下，只更新了預測模型，忘了更新分割單字的字典，導致資料產生不一致，而這類問題也可透過監控預測性能解決。

1.3.2 讓預測模型模組化，以便執行演算法的 A/B 測試

接著說明預測模型的模組化。只使用一個演算法提升性能，很快就會遇到難以突破的障礙。為了解決這個問題，可列出多個預測模型，再將模型轉換成模組，以便進行 A/B 測試。因為利用模組化的方式打造方便比較模型的系統之後，就能變更特徵值或是列出變更演算法的模型來驗證性能，也能一邊使用現行的預測模型，解決第 2 項長期運用後，輸入資料容易偏頗的問題。

1.3.3 管理模型的版本，以便隨時可還原

就管理模型的版本而言，正式環境的預測模型有可能會因為某些影響而隨時出現性能劣化的問題，有可能是因為輸入資料的格式改變，有可能是中途的處理有所變動。為了避免是因為更新模型而產生性能劣化的問題，能隨時還原成舊版模型也是非常重要的一環。當然，管理程式碼的版本也是可行，但如果可能，最好是能在切換成舊版模

型時,連同資料與版本一併比較。同時管理程式碼、模型與資料這三個部分是最為理想的狀態。

管理模型的版本以及將產生模型的資料寫成文件,就能減輕第 4 項資料的互相連動關係會變得複雜的問題。此外,第 5 項的容易殘留實驗程式碼與參數的問題,也能透過管理模型的版本與寫成文件的方式解決。

1.3.4 儲存資料處理的每個管道

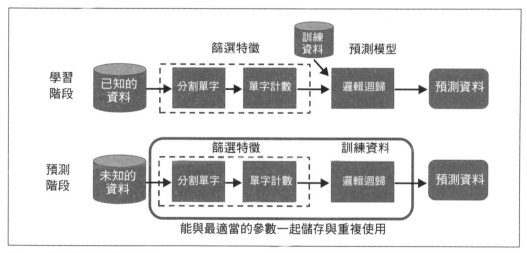

圖 1-3 儲存資料處理的管道

接著要說明的是儲存資料處理的管道(**圖 1-3**)。建立預測模型時,預測模型本身的管道參數也會調整,但是通常會摻雜之前處理的參數。例如文字處理會將資料分割成單字,並在計算單字的出現頻率之後,排除出現頻率過低與過高的單字。此時,頻率要多低才排除的臨界值也是微調的重點。

當參數越來越多,資料越變越複雜,就有可能會發生開發環境與正式環境的參數有出入,無法提供預設性能的問題。為了避免這個問題,儲存從前處理到建構預測模型的資料處理管道是非常重要的。

以管道的方式比較容易執行資料處理這點，scikit-learn 的抽象化已非常完善。Spark
這類機器學習程式庫也因為這樣，而變得能重複使用以管道操作資料的處理。

儲存每個管道，整理對應的程式碼，可在第 3 項處理管道變得複雜時，變得更容易釐
清管道，此外，第 5 項的容易殘留實驗程式碼與參數這點，也可利用管道整理在同一
地方管理。

1.3.5 讓開發／正式環境的語言／ Framework 的種類一致

最後則是盡可能讓開發／正式環境的語言／ Framework 的種類一致。舉例來說，預測
模型利用 R 開發，而應用程式端的預測處理則是利用 Java 重新寫過時，就必須利用
這兩種語言撰寫預測模型，變更演算法的成本也隨之高漲。好不容易利用 R 打造出高
速的預測模型的原型，結果在正式環境下卻得多耗費時間，有時候甚至得放棄原型。

開發預測模型時，通常會不斷實驗，也常常不是整理好的程式碼。從實驗用的程式碼
移植到正式環境使用的應用程式程式碼，若能使用共通的 Framework，就能降低移植
的成本，也比較容易溝通撰寫方式。

而第 6 項的問題也可透過統一撰寫的程式語言與 Framework，降低系統的複雜度。

不過，近來被稱為 microservices[8] 的功能以及透過 API 或訊息佇列與各種服務互動的
架構越來越多。相較於建立大型應用程式的 monolithic 架構，這類架構將系統切割得
更細，也是利用 API 進行互動，所以更容易切出機器學習的處理。應用這類思維，建
立機器學習專用的 REST 或 gRPC 這類 API 伺服器的例子也越來越多。Docker 這類容
器技術以及部署這項技術的雲端服務的問世，也讓切出機器學習的學習功能與預測功
能，藉此建置 API 伺服器的流程變得更為簡單。程式語言的選擇會影響開發團隊的技
能，所以請參考系統的整體設計以及團隊成員的技巧，再選用適當的程式語言。

8　https://martinfowler.com/articles/microservices.html

像這樣將系統的機器學習改造成能承受更多變化的形式是非常重要的。若想進一步了解最佳典範，可參考「Rules of Machine Learning: Best Practices for ML Engineering」[mlbestpractice]。

---

scikit-learn 為什麼成為古典機器學習的實質標準？

將 scikit-learn 形容成在深度學習之前，古典機器學習的實質標準不算是言過其實。我想之所以能這麼說，最大的理由在於 scikit-learn 在學習階段提供了 `fit()` 函數，在預測階段則提供了 `predict()` 函數這類統一的 API。由於 API 統一了，所以 scikit-learn 就能對各種演算法使用交叉驗證專用的 `cross_val_score()` 這類輔助函數或類別。

此外，API 統一後，也能輕易地切換多種演算法。早期的程式庫只能安裝一個或數量有限的演算法，要比較各種演算法的性能，就得浪費更多成本。當 API 完美地抽象化之後，就能建立舊版處理的臨界值列表，輕鬆地探索參數，也能建立學習所需的演算法的列表，一口氣建立各演算法的模型，也能更簡單地自動探索參數與演算法。

如果進一步建立舊版處理或演算法的管道，就能儲存性能最佳的組合，也能在預測時，輕鬆地沿用最佳的管道。

由於具有統一操作這些內容的好處，所以越來越多如 Spark 或其他的程式庫也採用相同的設計。

1.4 如何成功打造機器學習的系統？

打造機器學習的系統時，多少摻雜著些許賭博成分。打造一般的電腦系統時，只要設計得當，大概就能順利運作（只是運作當然不具意義，能否對使用者產生價值才是困難之處），但是打造機器學習的系統卻不一定能這樣，有時耗費幾週、幾個月，也無法得到有意義的輸出結果，而這也是最糟糕的情況。

打造分類的模型之後，也常發生隨機輸出的結果比較好的情況。開發機器學習的系統很難期待與開發網頁系統一樣，在短短一、二週之內就改良成適當的版本，耗費數個月開發也不足為奇。

那麼什麼樣的團隊才能打造適合於商場的機器學習產品呢？我認為必須具備下列四種角色[9]：

1. 具有產品相關領域知識的人
2. 了解統計與機器學習的人
3. 能打造資料分析系統的人
4. 失敗也能承擔責任的負責人

具備領域知識的人是非常重要的角色。要解決的課題是什麼？該在產品的哪裡使用機器學習？在思考這些問題時，若不具備領域知識，很有可能會選到方向完全不對的機器學習手法，而且在決定特徵值或是收集資料的時候，是否具備領域知識也是關鍵。

或許各位讀者都想成為具有機器學習知識的人。除了懂得撰寫程式之外，在設定問題的時候，也必須與其他人進一步溝通。

---

9 這四個角色可由不同的人擔任，一個人扮演多重角色也無妨，不過如果一個人扮演多重角色，產品就會充滿個人特色，而產品持續開發的可能性也會相對縮短。

最近能利用資料打造分析系統的資料工程師越來越受到重視。請與這些人才一起思考機器學習的基底該是什麼模樣。

承擔責任的負責人也是非常重要的角色。這是在了解機器學習是一項高風險投資之後，仍然願意投入開發，試著創造機器學習特有價值的角色。可以的話，最好由具備機器學習或資料分析經驗的人擔任，如此一來可省略風險說明，也能縮短決策時間，第一線負責開發的人也會輕鬆許多，否則負責產品開發的人必須說明承擔風險的必要性，有時甚至得請這位負責人透過權力，強行投資機器學習的開發。在開發機器學習的產品時，請務必找到具有如此權力的人擔任負責人。

準備製作機器學習產品的讀者可參考下列兩種資料，了解與一般的專案管理相似之處與歧異之處。

http://www.slideshare.net/shakezo/mlct4

http://www.slideshare.net/TokorotenNakayama/2016-devsumi

1.5 本章總結

本章說明了機器學習專案的流程與相關重點：

- 建立問題的假設，再建立 MVP，然後以驗證概念為第一優先
- 不害怕放棄機器學習
- 了解適合機器學習的問題設定
- 監控預測性能與 KPI，並持續持改良系統

機器學習的專案通常得不斷地探索特性不明的資料，觀察不確定的預測結果，所以比一般的專案更容易從頭來過。一邊思考如何在釐清商業目的，訂立明白的假設之後創造價值，再一邊推動專案。

## 第二章

機器學習的功能

使用機器學習能完成什麼任務？本章要透過分類、迴歸、集群、降維以及其他部分解說機器學習的功能。第一步先帶領大家了解挑選各種機器學習演算法的方法。

2.1 該選擇何種演算法？

要能選出適合的演算法，就必須了解各種演算法的特徵。讓我們先粗略了解一下，機器學習有哪些演算法。

分類

以正確解答的離散分類（類別）與輸入資料搭配學習，再從未知的資料預測類別

迴歸

以正確解答的數值與輸入資料學習，再從未知的資料預測連續值

集群

以某種基準群組化資料

降維

為了讓高維資料變得更具體或是減少計算量而轉化成低維資料

其他

推薦：提出使用者可能有興趣的項目或是與使用者目前正在瀏覽的項目類似的項目

異常檢測：偵測不正常的存取或是其他有別以往的動作

頻繁模式探勘：從資料篩選出常出現的模式

增強學習：在圍棋或將棋這種正確解答部分不明朗的環境下，學習應該採取的行動

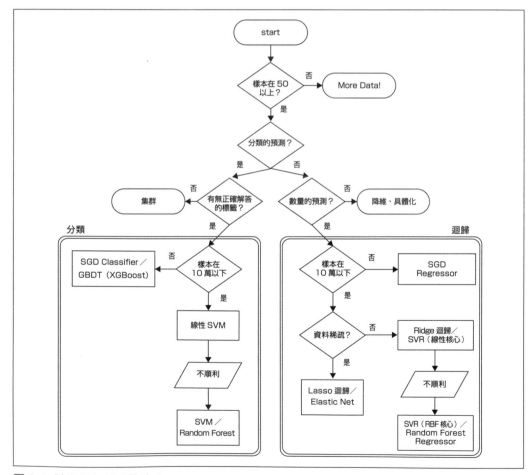

圖 2-1 該選擇何種演算法？

演算法多得讓人有點不知該如何選擇。scikit-learn 的指導手冊收錄了流程表[1]，各位讀者可參考這張流程表，選擇適當的演算法（不過若要選擇推薦、偵測異常、頻繁模式探勘、增強學習這類演算法時，就不需要參考）。圖 2-1 整理了選擇標準。

用於學習的資料量、要預測的對象為離散的分類（類別）、是否具有正確解答標籤是選擇演算法的重點。尤其在資料過多時，就必須使用後續介紹的在線學習的演算法。

---

scikit-learn 的在線學習演算法

scikit-learn 程式庫內建了 SGDClassifier 這個分類演算法類別以及 SGDRegressor 迴歸演算法類別。SGDClassifier、SGDRegressor 可在處理損失函數與正規化項之後，執行 SVM、邏輯迴歸或接近 SVR 的分類與迴歸的演算法。線性分類器的 scikit-learn 在線學習演算法雖然可利用 Passive Agressive 撰寫，但是 SCW（exact Soft Confidence Weighted）或 AROW（Aaptive Regularization of Weight Vecotrs）這類新的演算法卻無法如此寫[2]。若想使用其他的演算法，建議自行撰寫或是使用其他的 Framework。

2.2 分類

分類演算法屬於監督式學習的一種，預測的對象是分類這類離散值（類別）。例如預測郵件是否為垃圾郵件、影像裡的是什麼物體。預測這類可用離散值表現的事物時，可利用分類演算法建立分類模型。當類別數為 2，就稱為二元分類或二類別分類，若類別數大於等於 3，則稱為多元分類或多類別分類（Multiclass Classification）。這一

---

1 http://scikit-learn.org/stable/tutorial/machine_learning_map/
2 從 0.18.0 版本之後，就為了類神經網絡採用了 ADAM，也當成最佳化 MLPClassifier 類別的手法之一使用。

章為了方便說明，是以二元分類的方式說明，但多元分類的情況基本上也是相同的思維。scikit-learn 對多元分類的方式有進一步的說明，欲知詳情的讀者可自行參考[3]。

本書將介紹分類演算法底下的演算法。

- **感知學習機**（Perceptron）
- **邏輯迴歸**（Logistic Regression）
- SVM（Support Vector Machine，**支持向量機**）
- **類神經網絡**（Neural Network）
- k-NN（k- **近鄰演算法**，k-Nearest Neighbor Method）
- **決策樹**（Decision Tree）
- **隨機森林**（Random Forest）
- GBDT（Gradient Boosted Decision Tree）

感知學習機、邏輯迴歸、SVM、類神經網絡這四個演算法會學習以面積呈現兩種類別如何分類的函數。大家可將這裡提到的函數看成呈現面積的公式。這些演算法除了可進行二元分類，也可解決許多類別分類的問題。

 分類這兩個類別的面積稱為**決策分界線**（Dicision Boundary）。

k-NN 稱為近鄰演算法，可根據近似學習過的資料的資料預測。決策樹、隨機森林、GBDT 則可學習以樹狀圖表現的規則集合。

本章雖然未能提及，不過還有其他常用於文字分類的**單純貝氏分類法**（Naive Bayes）以及常用於語音辨識的 HMM（Hidden Markov Model）。這些演算法都是推測藏於資料背後的機率分佈，將資料轉化成模型的手法。

---

3 http://scikit-learn.org/stable/modules/multiclass.html

大部分的分類問題都可在了解後續介紹的目標函數以及決策分界線之後了解差異之處。後續的內容盡可能不寫公式，希望大家多閱讀圖表的內容。

接下來，就為大家一一介紹演算法。

2.2.1 感知學習機

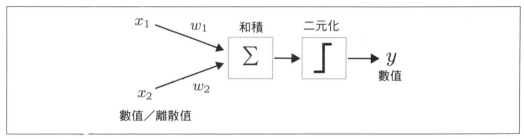

圖 2-2　感知學習機

感知學習機（perceptron）是將輸入向量與學習過的加權向量相乘之後的值加總，若結果大於 0，則分類為類別 1，若結果小於 0，則分類為類別 2 的演算法[4]。將感知學習機重疊成多層構造後，就是後續介紹的類神經網絡。接下來讓我們學習使用感知學習機的分類方式。

感知學習機的特徵

感知學習機具有下列特徵：

- 可在線學習
- 預測性能差強人意，學習速度很快
- 容易過度擬合
- 只能解決可線性分離的問題

4　感知學習機的活化函數（後述）雖然是使用步階函數，但仍可使用其他的函數。

這裡出現了好幾個不熟悉的用語吧。由於其他的演算法也會提到這些用語,所以就在此依序說明這些用語。

在線學習(Online Learning)與反義語的**批次學習**(Batch Learning)分別是逐步輸入資料再最佳化資料(在線學習)或先輸入所有資料再最佳化(批次學習)的方法。詳情請參考「4.2.1 容易混淆的「批次處理」與「批次學習」」。

過度擬合(Overfitting)的預測模型則在前一章的時候說明過,是「能正確解答訓練資料,卻完全無法處理未知資料」的模型。過度擬合是機器學習常見的現象之一,減少特徵值,採用後述的正規化項,使用更單純的演算法,可避免這個現象發生。

早期的感知學習機未採用抑制過度擬合的機制。

與過度擬合相反的現象稱為**乏適**(Underfitting),指的是模型未能反應輸入與輸出的關係。乏適會因為未包含該領域該有的特徵值或模型的合理性不足或是正規化項的影響過強而發生。

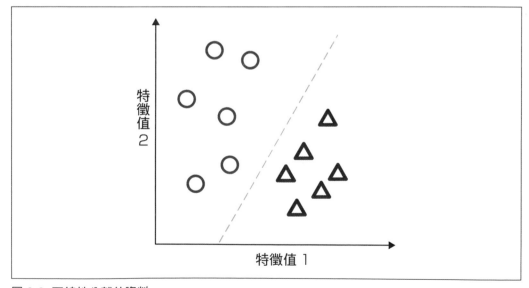

圖 2-3 可線性分離的資料

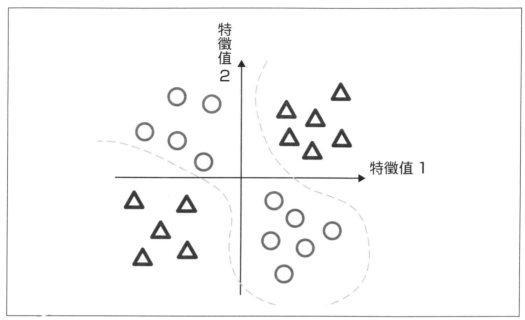

圖 2-4　不可線性分離的資料

感知學習機只能處理**可線性分離**（Linearly Separable）的問題。所謂「可線性分離」就是如**圖 2-3** 所示，能以直線將資料一分為二的意思。若以稍微專業的說法形容這條分類的直線，就稱為**超平面**（hyperplane）。二次元的時候，這條直線只是直線，但是三次元的時候，這條直線就成為平面，而在高次元的空間裡，這個平面就稱為超平面。

反之，如果是**圖 2-4** 這種無法以直線區分的資料就稱為非線性分離資料。最常見的例子就是**邏輯異或**（XOR、Exclusive or）的資料。如**圖 2-4** 所示，XOR 的資料是以原點為中心，將右上（橫軸與直軸皆為正值的區塊）、左下（橫軸與直軸皆為負值的區塊）當成一個類別，並將右下（橫軸為正，直軸為負的區塊）與左上（橫軸為負，直軸為正的區塊）當成一個類別。因此，無法以一條直線適當地分割這兩個類別。這種「無法單憑一條直線分割兩個類別」的情況就稱為非線性分離。

感知學習機的決策分界線

實際學習感知學習機的模型的決策分界線請參考**圖 2-5** 與**圖 2-6**。**圖 2-5** 是可線性分離的資料（之所以無法完全線性分離是因為有一些雜訊）。**圖 2-5** 與**圖 2-4** 一樣，都是以原點為中心，在右上角與左下角產生●的資料，同時在右下角與左上角產生▲的資料。感知學習機無法在非線性分離的資料使用，所以決策分界線會是直線。所以 XOR 也未呈分離的狀態。此外，繪製這條決定分界線的 notebook 放在資源庫的 chap02/Decision_boundary.ipynb。

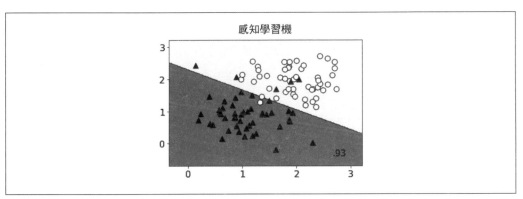

圖 2-5　感知學習機的決策分界線（可線性分離）

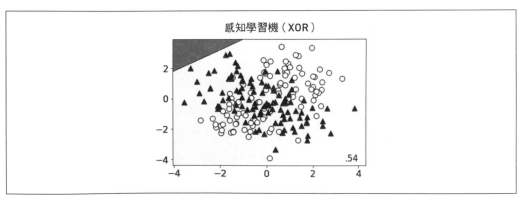

圖 2-6　感知學習機的決策分界線（不可線性分離）

感知學習機的機制

假設感知學習機的輸入資料是由兩種資料組成的列表（這稱為二元特徵值）。假設輸入資料為列表 x，代表特徵值重要度的權重為列表 w，然後以此撰寫程式之後，感知學習機會先讓輸入資料與權重相乘再算出合計。若寫成程式，就是下列的內容。

```
sum = b + w[0] * x[0] + w[1] * x[1]
```

這個處理可利用數學符號的 Σ 表現（圖 2-2 的「和積」）。此外，b 稱為偏差項（bias），是不會與輸入資料相乘的特殊權重。若想為了簡化計算而忽略偏差項，可使用數值計算程式庫 NumPy 的 `numpy.dot` 函數相乘。之後都會列出忽略偏差值的範例。例如權重向量 w 為 [2,3]、輸入向量 x 為 [4,2] 的時候，可將程式寫成下列的內容：

```
import numpy as np
w = np.array([2, 3])
x = np.array([4, 2])
sum = np.dot(w, x)
```

接著可利用合計值 sum 的正負判斷類別（圖 2-2 的「二元化」部分）。若寫成程式會是下列的內容：

```
if sum >= 0:
    return 1
else:
    return -1
```

上方程式的前段是特徵值與權重相乘再加總的部分，下方程式則是判斷正負的部分。統整上方的兩段程式之後，感知學習機的預測程式碼可寫成下列的內容：

```
import numpy as np
# 感知學習機的預測
def predict(w, x):
    sum = np.dot(w, x)
```

```
if sum >= 0:
    return 1
else:
    return -1
```

那麼該如何推斷適當的參數（此時為 w）呢？此時可使用呈現實際值與預測值之間誤差的函數。這個函數稱為**損失函數（Loss Function）**或**誤差函數（Error Function）**，本書之後都以損失函數稱之。這個函數可測量目前用於學習的預測模型有多麼精準。

舉例來說，將誤差的平方假設為損失函數，就可寫成以下的公式：

損失函數 ＝（實際值 - 預測值）

$$\text{損失函數} = (\text{實際值} - \text{預測值})^2$$

當 w 為權重向量，x 為輸入向量，t 為正確解答標籤（1 為 -1）的時候，感知學習機的損失函數會使用 max（0, -twx）的**鉸鏈損失函數（Hinge Loss）**[5]。看了**圖 2-7** 就可以知道為什麼以鉸鏈（Hinge）命名這個函數。使用鉸鏈損失函數之後，會在取得低於 0 的值的時候，換言之就是分類錯誤的時候，造成嚴重的損失，而在分類正確時，損失會等於 0。當預測值的誤差越大，損失也呈線性增加是鉸鏈損失函數的特徵。

使用感知學習機的鉸鏈損失函數對所有資料計算總和的程式碼如下：

```
import numpy as np
def perceptron_hinge_loss(w, x, t):
    loss = 0
    for (input, label) in zip(x, t):
        v = label * np.dot(w, input)
        loss += max(0, -v)
    return loss
```

5　也稱為感知學習機規準。一般提到鉸鏈損失函數，都是指在 SVM 使用的鉸鏈損失函數 max(0,1-twx)。兩者的差異在於與橫軸的交點。

找出減少錯誤分類的權重，可讓所有資料的損失總和最小化。

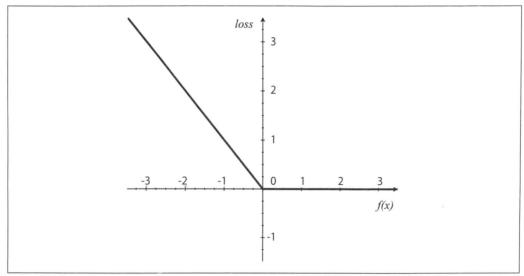

圖 2-7　感知學習機的鉸鏈損失函數（感知學習機規準）

將損失函數常規化，進一步說明模型多貼近資料的函數稱為**目標函數（Objective Function，也稱為評估函數）**。感知學習機的目標函數為：

目標函數＝損失函數的總資料和

最小化目標函數就是誤差最少，分類最適當的狀態。此時得到權重向量 w 的過程就稱為「學習模型」。

那麼該如何推斷作為參數使用的權重向量 w 呢？要找出最適當的參數常使用**隨機梯度下降法（Stocastic Gradient Descent, SGD）**。這個方法可從目標函數的山頂慢慢朝山谷下降，藉此找出最佳化的參數。實際上，我們無法直接知道山谷在哪裡，只能找到接近山谷的範圍，所以才需要往坡度較傾斜的方向一步步走下去，藉此修正參數。若能找到最小化的目標函數，就代表找到最佳的參數（這稱為解的收斂）。

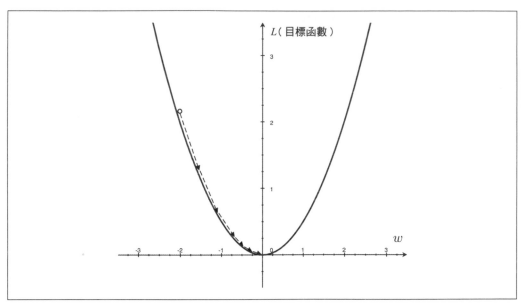

圖 2-8　隨機梯度下降法的示意圖

順帶一提，決定參數修正幅度的超參數稱為**學習速率**（Learning Rate）。修正幅度是由學習速率 x 與山坡斜率決定。當學習速率越大，收斂的速度越快，但有時會走到太深的山谷，反而無法收斂至最適當的解。學習速率太低時，在收斂至最佳解之前，必須重複修正參數，學習時間也會拉長。使用這個方法學習時，通常會讓學習速率固定，而在後續的類神經網絡裡，這個設計也是非常關鍵的部分，也會提出許多讓學習速率動態變化的方法。

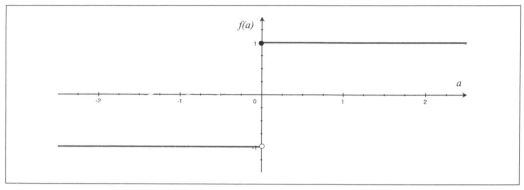

圖 2-9 階梯函數

感知學習機的預測值是以權重向量與輸入向量相乘後，結果的正負判斷。這個相乘的結果可說是符合**階梯函數（Step Function）**。所謂階梯函數就是**圖 2-9** 的函數，可將輸入值設定為 +1 或 -1[6]。尤其感知學習機的階梯函數又是將輸出值轉換成非線性值的函數，所以又稱為**活化函數（Activation Function）**。

感知學習機是對後續介紹的各種演算法造成影響，具有相當歷史地位的演算法。接下來讓我們繼續學習與感知學習機類似的演算法。

2.2.2 邏輯迴歸

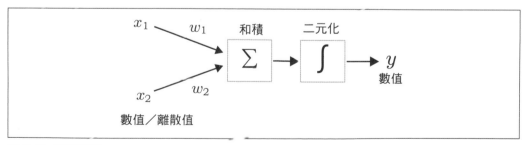

圖 2-10 邏輯迴歸

6　一般的階梯函數會輸出 0 或 1，但是感知學習機的二類別分類則為了計算方便，將兩個類別設定為 -1 與 +1。

邏輯迴歸（Logistic Regression）是與迴歸名不符實的演算法。邏輯迴歸雖然是單純的方法，但是參數不多，預測時間也不長，常被當成比較各種機器學習演算法的基線（基準）。舉例來說，Google 地圖推測停車場空位之際，就使用特別設計過的特徵值與邏輯迴歸[7]。

邏輯迴歸的特徵

邏輯迴歸雖然與感知學習機類似，但仍有下列的特徵：

- 可輸出該輸出類別的機率值，而非輸出結果
- 可使用在線學習與批次學習
- 預測性能普通，學習速度很快
- 為了避免過度擬合而加了正規化項

尤其是輸出的機率值這點，常用於廣告的點擊率預測。

邏輯迴歸的決策分界線

邏輯迴歸也是以可線性分離的資料為對象的演算法，所以決策分界線也是直線。

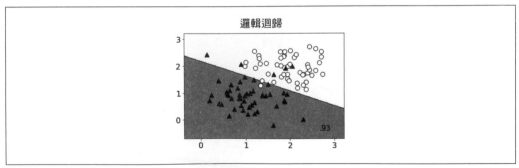

圖 2-11 邏輯迴歸的決策分界線（可線性分離）

---

7 https://research.googleblog.com/2017/02/using-machine-learning-to-predict.html

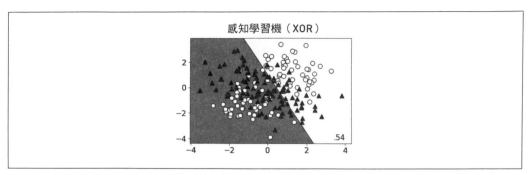

圖 2-12 邏輯迴歸的決策分界線（非線性分離）

邏輯迴歸的機制

邏輯迴歸與感知學習機的差異在於活化函數為 **S 型函數**（Sigmoid Function，**也稱為邏輯 S 型函數**（Logistic Sigmoid Function）），損失函數是**交叉熵誤差函數**（Cross-entropy Error Function）），也具有**正規化項**（Regularization Term，**或稱懲罰項**（Penalty Term），藉此避免學習感知演算法產生過度擬合的結果，而且也能以在線學習或批次學習的方式學習。

出現了很多看不懂的關鍵字，在此為大家一一說明。

S 型函數為**圖 2-13** 所示的形狀，是輸入值為 0 的時候，可取得 0.5 的值，值越小越接近 0，值越大越接近 1 的函數。順帶一提，這個 S 型函數常規化之後的結果稱為邏輯函數，這也是邏輯迴歸的由來。通過 S 型函數的值是某個類別的機率，以是否大於 0.5 決定該機率是否屬於該類別。此外，這個 0.5 的臨界值稱為超參數，有時會依照需要的性能調整。

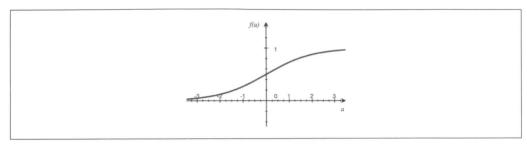

圖 2-13 S 型函數

代表 S 型函數的程式碼如下：

```
def sigmoid(x):
    return 1 / (1 + np.exp(-x))
```

換言之，輸出 y 可利用 y=sigmoid(np.dot(w, x)) 表示。

二元分類的交叉熵誤差函數若針對 N 筆資料將 y 假設為輸出，t 為正確解答標籤（假設正確時為 1，錯誤時為 0），log 為底數為 e 的自然對數時，可寫成下列的公式。

$$E = -\sum_{n=1}^{N} t_n \log y_n + (1 - t_n) \log (1 - y_n)$$

這個損失可在得到正確解答（t=1）的時候視為 $\log y_n$，若權重與輸入值的和積（在感知學習機稱為 np.dot(w, x)）比 0 小，損失就會急速放大，若是比 0 大，就會慢慢變小。藉此將權重與輸入值的和積放大。得到錯誤答案（t=0）時，可將損失視為 $\log (1 - y_n)$，與正確解答的時候呈左右反轉的圖表，目的是縮小權重與輸入值的和積。詳情請參考註解的連結 [8]。

二元分類的交叉熵誤差函數可寫成下列的程式碼：

```
def cross_entropy_error(y, t, eps=1e-15):
    y_clipped = np.clip(y, eps, 1 - eps)
```

8 http://gihyo.jp/dev/serial/01/machine-learning/0018

```
return -1 * (sum(t * np.log(y_clipped) +
                 (1 - t) * np.log(1 - y_clipped)))
```

為了不讓 y 值為 0 與為 1，np.clip(y, eps, 1 - eps) 加了 eps 這個微小值。這麼做是為了避免取得將 0 傳遞給對數的 (np.log(0)) 與 −∞ 的值。numpy.array 的處理使用了 np.clip() 函數，但是當資料只有一筆，就與 max(min(y, 1 - eps), eps) 相同。

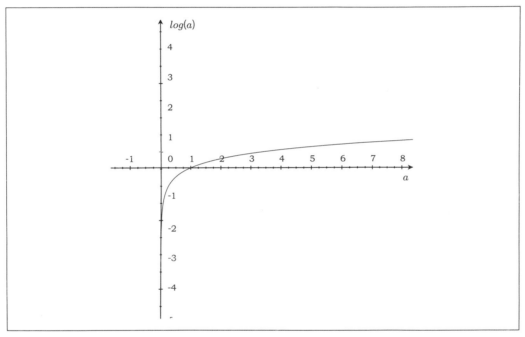

圖 2-14　對數的圖表

正規化（Regularization）具有在學習時給予懲罰，讓決策分界線變得更平滑的效果。在最佳化輸入資料時加入正規化項，可避免受到已知的訓練資料的影響。換言之，這是讓模型保持單純的修正項，也能藉此抑制過度學習與得到泛化功能。**圖 2-15** 是迴歸分析的範例，也是正規化的示意圖。要找出代表車站距離以及房租的關聯性的模型時，若正規化的效果不彰，就會如右圖般，得到過於貼合學習資料的線，但是當正規化的效果太強，又只能得到學習資料大概的特性。

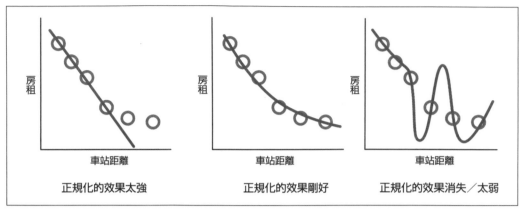

圖 2-15 正規化的示意圖

加入正規化項之後，目標函數可以下面的公式表示：

$$目標函數＝損失函數的總資料和＋正規化項$$

推斷最小化這個目標函數的參數，可學習邏輯迴歸。使用與感知學習機相同的隨機梯度下降法，就能最佳化參數。

以公式說明正規化

假設有個學習方式的決策分界線的公式為 $f(\boldsymbol{x}) = \boldsymbol{wx} = \sum_{i=i}^{m} w_i x_i$。

同時假設 $\boldsymbol{x}$ 為 m 維的輸入資料的特徵向量，$\boldsymbol{w}$ 為學習之後的權重。此時正規化項可寫成 $\lambda \sum_{i=1}^{m} w_i^2$。這個稱為 L2 正規化。將權重參數的平方值當成損失函數的懲罰項使用。λ 是控制懲罰項影響度的正規化參數。

重新改寫目標函數後，可寫成目標函數＝損失函數的總資料和＋$\lambda \sum_{i=1}^{m} w_i^2$，最小化損失函數時，可對過大的權重參數加以懲罰。$\lambda$ 可透過交叉驗證決定該是什麼值。

此外，正規化項也有以絕對值 $\lambda\sum_{i=1}^{m}|w_i|$ 呈現的正規化，這種正規化稱為 L1 正規化。L1 正規化會讓權重 w_i 裡大部分的 i 歸 0，所以有選出特徵的效果。

此外，Lasso 迴歸是將 L1 正規化當成正規化項使用的線性迴歸，Ridge 迴歸是使用 L2 正規化的線性迴歸，Elastic Net 則是兩者的綜合。

2.2.3 SVM

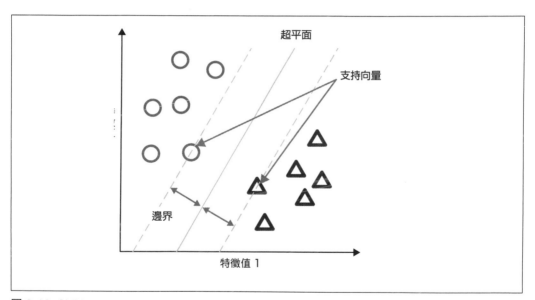

圖 2-16 SVM

SVM（Support Vector Machine）是解決分類問題時，非常常用的演算法，可直接將它視為是感知學習機擴充之後的演算法，可處理線性分離的問題與非線性分離的問題。目前已有多種相關的演算法與程式庫開發，所以可高速學習。

SVM 的特徵

SVM 的特徵如下：

- **邊界最大化**之後，可學習到平滑的超平面
- 使用**核心**（Kernel）方法可分離非線性的資料
- 如果是線性核心，也可學習維度較多的稀疏資料
- 可批次學習與在線學習

雖然有許多陌生的名詞出現，不過後續都會進一步說明。第一步先一起看看是如何決定決策分界線的。

SVM 的決策分界線

SVM 使用後述的核心方法可處理線性分離的問題與非線性處理的問題。接著讓我們一起觀察在 SVM 常用的線性核心與 RBF 核心的決策分界線（這兩個核心將在後續說明）。

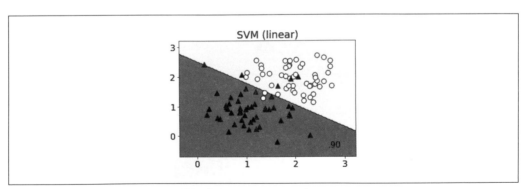

圖 2-17　SVM（線性核心）的決策分界線（可線性分離）

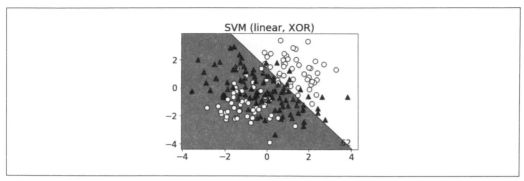

圖 2-18　SVM（線性核心）的決定分界線（不可線性分離）

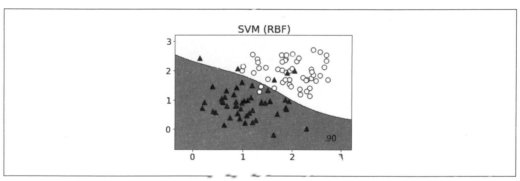

圖 2-19　SVM（RBF 核心）的決策分界線（可線性分離）

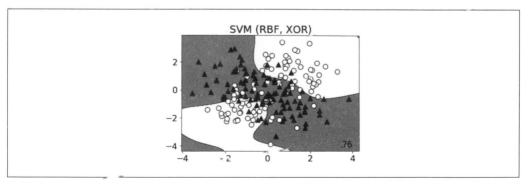

圖 2-20　SVM（RBF 核心）的決策分界線（不可線性分離）

由圖可知，線性核心是以直線分離資料，RBF 則是以非直線的方式分離。

SVM 的機制

SVM 的損失函數與感知學習機一樣使用鉸鏈損失函數（**圖 2-21**）。嚴格來說，與感知學習機的差異在於與橫軸的交點位置。由於交點的位置不同，所以決策分界線可對正確解答的資料給予懲罰，對決策分界線設定邊界。

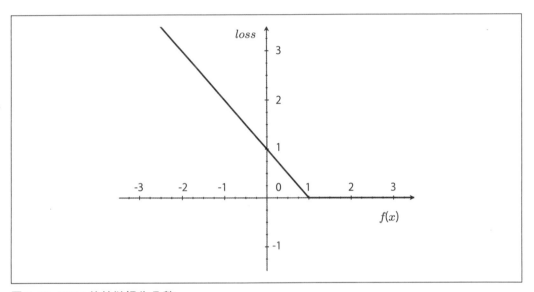

圖 2-21 SVM 的鉸鏈損失函數

SVM 有兩個最明顯的特徵。

第 1 個特徵是**邊界最大化**之後，可如同加入正規化項一般，抑制過度擬合發生。邊界最大化指的是如**圖 2-16** 一般，該將超平面拉得多寬，才能讓到 2 個類別的資料（這就是所謂的支持向量）為止的距離最大。超平面就是分離 2 個類別的平面。邊界最大化就是讓圖中的邊界拉至最大，也就是決定超平面如何拉寬的方法，藉此不那麼嚴格地分類已知的資料。也因為留了一些緩衝，所以才能得到不過度貼合已知資料的決策分界線，換言之，等於抑制了過度擬合。最佳化的方法有很多，本書無法一一詳細介紹，但也有能同時進行批次學習與在線學習的演算法。

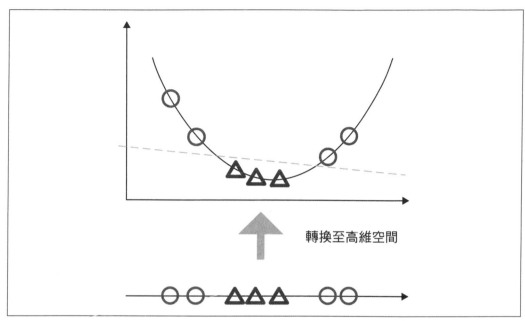

圖 2-22　使用核心的決策分界線範例

第二個特徵是稱為**核心**的技巧。這個是面對不可線性分離的資料時，使用核心函數追加虛擬的特徵值，將資料轉換成高維的向量，藉此讓資料線性分離的方法。在**圖 2-22**的示意圖裡，資料在一維空間時無法線性分離，但轉換成二維之後，就能線性分離。

核心的種類有很多，例如**線性核心**（Linear Kernel）、**多項式核心**（Polynomial Kernel）、**RBF 核心**（Radial Basis Function Kernel、**輻射基底函數核心**）。從**圖 2-17** 到**圖 2-20** 說明了線性核心與 RBF 核心的決策分界線。在比較**圖 2-18** 與**圖 2-20** 就會發現，RBF 核心的決策分界線更能適當地分離 XOR。線性核心的處理較快，主要用於處理文字這類高維且稀疏向量的資料，而 RBF 則常用於處理圖片、聲音訊號這類密集的資料。

所謂稀疏向量指的是輸入向量幾乎為 0 或偶爾有值的向量。舉例來說，將單字這類文字資料的出現頻率轉換成輸入向量之後，輸入的維度就會因為單字的種類而增加，而且很常出現 10,000 維度以上的輸入向量。反之,輸入向量幾乎不為 0,而是其他值的情況稱為密集向量。例如重新取樣圖形,讓圖片轉換成 16x16 的大小,使用 256 維度幾乎不為 0 的向量處理後,圖片的向量幾乎都會是密集向量。

2.2.4 類神經網絡

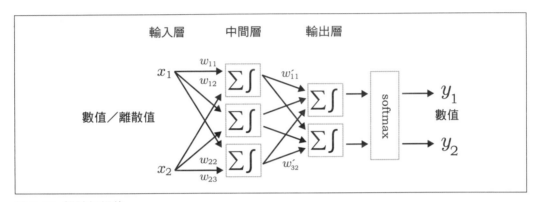

圖 2-23 類神經網絡

類神經網絡(Neural Network)也被稱為多層感知學習機,是將感知學習機當成節點不斷層層重疊的構造。這個構造主要源自大腦神經細胞(神經元)透過突觸連結,再由電子訊號傳遞資訊的神經網絡,所以也稱為類神經網絡。

類神經網絡的特徵

類神經網絡的特徵如下:

- 可分離非線性的資料
- 需要花費較多的時間學習
- 參數較多,容易發生過度擬合的問題
- 會因為權重的初始值導出局部最佳解

與感知學習機相較之下，比較明顯的特徵就屬可分離非線性資料這點。此外，類神經網絡有階層越深，計算越花時間的問題。但近年來已知道可利用 GPU 加速運算這類問題，所以深層的類神經網絡運算也能在有效的時間之內完成。此外，許多 Framework 也採用了 GPU 類神經網絡運算，所以類神經網絡也變得普及。類神經網絡的參數通常偏多，所以資料量也最好準備得比其他演算法多一點。

類神經網絡的決策分界線

類神經網絡的階層有很多層，所以與感知學習機的不同之處在於可找出非直線的決策分界線。

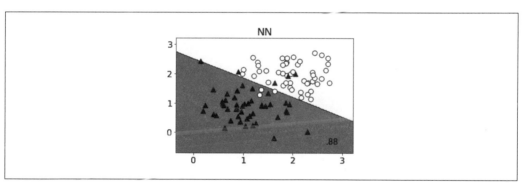

圖 2-24　類神經網絡的決策分界線（可線性分離）

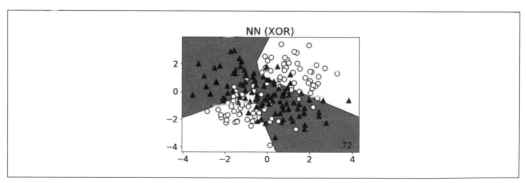

圖 2-25　類神經網絡的決策分界線（不可線性分離）

類神經網絡的機制

類神經網絡的形狀有很多種,最基本的就是三層的前饋類神經網絡[9]。依照輸入層、中間層、輸出層的順序,讓輸入資料與權重相乘,然後只讓想分類為輸出層的類別建立節點,最後再利用 softmax 函數正規化輸出層的計算結果,並將這個結果視為機率。softmax 函數會將較大的類別視為答案的類別。可依照輸入層、輸出層的層數建立數量相對的中間層(也稱為隱藏層)。

活化函數方面,一開始可使用階層函數,後續則可使用 S 型函數。近年來,深層學習的 ReLU(Rectified Linear Unit)的性能不錯,所以也常當成活化函數使用(圖 2-26)。

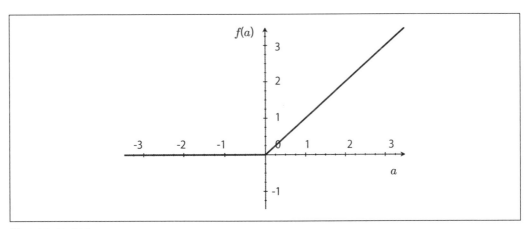

圖 2-26 ReLU

前饋類神經網絡會使用**反向傳播學習法**(Backpropagation)學習。先使用隨機的權重初始值順著類神經網絡的方向計算輸出值,接著逆其道而行,算出輸出值與正確值的誤差,藉此修正權重。不斷重複這個迴圈,直到權重的修正量達規定值以下再停止學習。

---

9 有時候會稱為二層。

若只是增加類神經網絡的中間層,有時會出現無法以反向傳播學習法學習的問題。經過各種調整,解決這個問題之後,讓階層很深的類神經網絡也能學習的過程就稱為深度學習。

此外,scikit-learn 從 0.18.0 版之後就內建了多層感知學習機,而 TensorFlow、Chainer、PyTorch、MXNet、CNTK 這些適合於深度學習的 Framewrok 也非常受歡迎。

2.2.5 k-NN

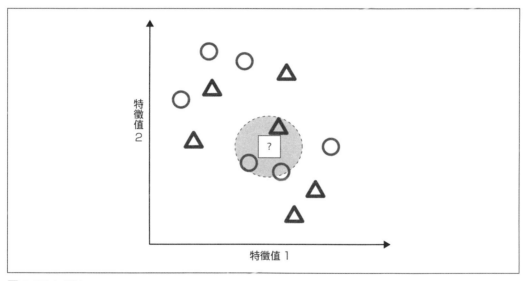

圖 2-27 k-NN

k-NN（**最近鄰居法**,k-Nearest Neighbor Method）這種演算法會在輸入一筆未知資料時,以附近 k 個已知資料所屬的類別決定該筆資料的類別。由於邏輯很簡單,所以不僅當成單純的分類器使用,也能用來搜尋類似的項目。

k-NN 的特徵

k-NN 的特徵如下:

- 逐次學習每一筆資料
- 基本上需要計算與所有資料的距離，所以必須在預測計算耗費不少時間
- k 的數量決定預測性能，但通常性能不佳

不過，在特徵值 B 的平均值比特徵值 A 大 10 倍這類資料規模差異過大時，這個演算法就無法正確學習，所以必須先實施正規化，讓特徵值的規模一致。

k-NN 的決策分界線

k-NN 具有將鄰近的 k 筆已知資料之中，資料筆數最多的類別視為預測類別的性質，所以決策分界線會依照 k 這個超參數改變。當 k 值越多，決策分界線也會變得更平滑，但是處理時間也會拉長，請大家使用時，務必注意這點。

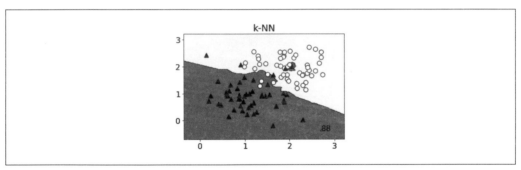

圖 2-28 k-NN(k=3) 的決策分界線（可線性分離）

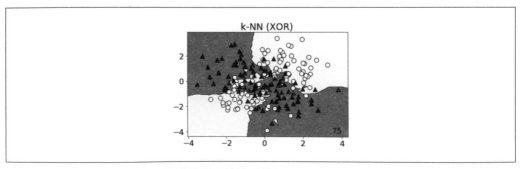

圖 2-29 k-NN(k=3) 的決策分界線（不可線性分離）

k-NN 的機制

k 有投票數的意義,當 $k=3$ 時,代表從最接近的三筆資料之中,選出投票最高的類別的意思。讓我們以圖 2-27 為例。新資料的■可能屬於●或▲的類別,而從■的周圍三筆資料來看,應該會屬於●類別才對。當然,只要調整 k 的數量,所屬類別也會瞬間改變。

k 的數量可利用交叉驗證決定。要決定哪些資料才算近的時候,必須先定義「距離」。最常用於定義的就是**歐幾里德距離**(Euclidean Distance),但有時要考慮的不只是距離某個類別的資料群平均有多近,所以會使用考慮資料散佈方向(變異數)的**馬哈蘭距離**(Mahalanobis Distance)。若手邊有代表點的座標的向量 a 與向量 b,就能以下列的程式碼求出歐幾里德距離 [10]。

```
def euclidean_distance(a, b):
    return np.sqrt(sum(x - y)**2 for (x, y) in zip(a, b))
```

自然語言處理這類高維稀疏的資料通常無法預測,此時最有名的方式就是透過降維壓縮維度,藉此改善預測性能。

k-NN 是很單純的方法,所以可放鬆心情試用看看,而且只要定義距離就能立刻應用,所以也可用來將 Elasticsearch 這類全文搜尋引擎的分數當成距離。計算時間過長的問題則可利用最近鄰居法或是其他方法解決。

2.2.6 決策樹、隨機森林、GBDT

本節要介紹的是樹狀演算法的代表——**決策樹**(Decision Tree)以及從這個演算法演化而來的**隨機森林**(Random Forest)與 Gradient Boosted Decision Tree(GBDT)。

10　實際上,使用 NumPy 的 np.linalg.norm(a–b) 計算比較快。

樹狀演算法與之前介紹的演算法在分類上有些不同，所以最好先了解相關的機制與傾向。

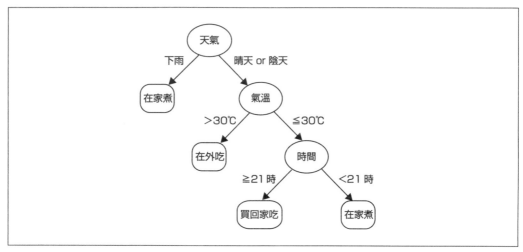

圖 2-30 決策樹

決策樹的特徵

決策樹的特徵如下：

- 人類容易解釋的學習模型
- 不需要正規化輸入資料
- 輸入類別變數或遺漏值（因為漏測而消失的值）也能於內部處理
- 在特定條件下，容易發生過度擬合的問題
- 可處理非線性分離的問題，但不擅長處理可線性分離的問題
- 不擅長處理每個類別的資料裡含有偏頗傾向的資料
- 資料有些許變化，結果就會產生明顯變化
- 預測性能差強人意
- 只能批次學習

決策樹的最大特徵在於學習模型容易解釋這點。由於可得到 IF-THEN 規則這種學習結果,所以要根據工廠感測器值預測產品故障時,就很適合找出哪個感測器異常。與感知學習機、邏輯迴歸不同的是,連不可線性分離的資料也能分類。

另一方面,決策樹就不擅長處理可線性分離的問題。此外,就以條件分歧處理資料這項性質而言,當樹狀結構變得越來越多層,可用於學習的資料也會越來越少,所以容易出現過度擬合的問題(**圖 2-31**)。此時可減少階層或是**修剪(Pruning)**決策樹預防這個問題。

 可惜的是,scikit-learn 0.18 還未內建修剪這項功能。

特徵過多時,也容易發生過度擬合的問題,所以最好事前降維或是選擇特徵。

決策樹的決策分界線

決策樹的決策分界線並非直線,因為決策分界線是在不斷切割區塊之後建立,所以與其用來解決可線性分離的問題,還不如用來處理不可線性分離的問題。

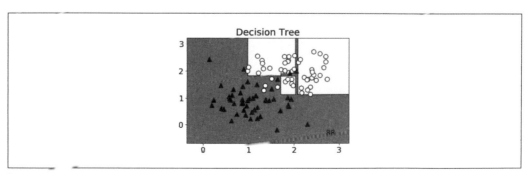

圖 2-31 決策樹的決策分界線(可線性分離)

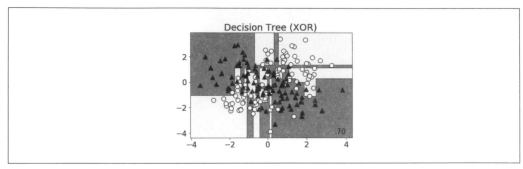

圖 2-32　決策樹的決策分界線（不可線性分離）

決策樹的機制

決策樹可根據訓練資料建立條件式，進行預測時，可從樹根（root node、最上面的條件式）依序走到每個條件，到達葉子（leaf node、最後的條件式）之後，就傳回預測結果。使用**不純度（Impurity）**這項基準，盡可能整理成同一類別的方法，學習條件式。具體來說，會將**資訊增益（Information Gain）**或**吉尼係數（Gini Coefficient）**這類基準當成不純度使用，接著分割資料，讓不純度下降。決策樹可如**圖** 2-30 般，從資料得到分類資料的 IF-THEN 規則的樹狀圖。

從決策樹衍生的演算法

應用決策樹的手法還有**隨機森林（Random Forest）**或 Gradient Boosted Decision Tree（GBDT）。

隨機森林可建立多組特徵值的組合，再以多數決的方式整合多個性能優異的學習器的預測結果。由於每棵樹都可獨立學習，所以可並聯學習。此外，由於不需要決策樹的修剪過程，所以主要的參數只有 2 個。參數雖然比 GBDT 還要少，卻有過度擬合的傾向。預測性能比決策樹優異，參數較少這點也比較容易微調。從**圖** 2-33 的決策分界線也可得知，隨機森林是以決策樹為藍圖的演算法，所以也具有類似的傾向。

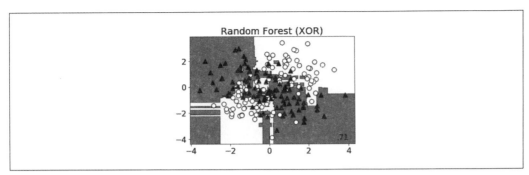

圖 2-33 隨機森林的決策分界線（不可線性分離）

相對於隨機森林是使用並聯學習的預測結果，GBDT 則是以**梯度提升法（Gradient Boosting）**對取樣的資料進行串聯式淺層學習的演算法 [sgb][gb]。將預測值與實際值的誤差視為目標變數，再一邊補強弱點與學習多個學習器。與隨機森林相較之下，串聯式學習需要耗費較多的時間，而且參數也比較多，比較難以微調，卻能得到較優異的預測性能。XGBoost[xgboost] 或 LightGBM[11] 這類高速程式庫登場後已經能解決上述問題，而且能處理大規模資料的機器學習比稿網站的 Kaggle[12] 也非常受到歡迎。XGBoost 具有最佳化機率的功能，所以可高速處理大規模資料，而 LightGBM 則比 XGBoost 的處理速度更快。

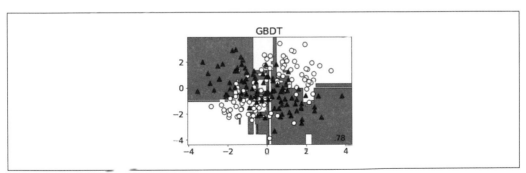

圖 2-34 梯度提升法的決策分界線（不可線性分離）

---

11   https://github.com/Microsoft/LightGBM/
12   https://kaggle.com/

隨機森林或 GBDT 這種組合多個學習結果的手法稱為**整體學習**（Ensemble Learning）[13]。若只使用決策樹預測結果，只要一追加資料，學習結果就會大幅改變，而隨機森林卻有較穩定的學習結果。此外，預測性能也是整體學習比較優異。一如「三人行必有我師」這句俗語，整體學習可說是補強了各種預測模型的弱點。

2.3 迴歸

迴歸屬於監督式學習，可利用輸入資料預測連續值。舉例來說，都市的電力消耗量、網站的瀏覽人數這類可用連續值表現的值，迴歸可學習這類值的預測模型。

接下來說明迴歸以及各演算法大致的傾向。

- **線性迴歸**（Linear Regression）、**多項式迴歸**（Polynomial Regression）
- Lasso **迴歸**（Lasso Regression）、Ridge **迴歸**（**脊迴歸**，Ridge regression）、Elastic net
- **迴歸樹**（Regression Tree）
- SVR（Support Vector Regression）

上述迴歸演算法的概要如下：

- 線性迴歸是以直線趨近資料的方法，多項式迴歸是以曲線趨近。
- Ridge 迴歸是將學習後的權重的平方加入正規化項（L2 正規化），Lasso 迴歸是將學習後的權重的絕對值加入正規化項（L1 正規化），Elastic Net 是將上述兩種正規化項加入線性迴歸的演算法。
- Lasso 迴歸或 Elastic Net 具有因 L1 正規化而有多個權重歸 0，篩選出特徵的性質。

---

13 整體學習通常會以多個邏輯迴歸或規則只有一個的決策樹組成學習器（弱學習器，Weak Learner），藉此進行學習。

- 迴歸樹是以決策樹為趨型的迴歸演算法，可處理非線性資料。
- SVR 是以 SVM 為趨型的迴歸，也可處理非線性資料。

迴歸樹或 SVR 都是一種分類器，分別與決策樹或 SVM 具有類似的性質。知道資料為線性資料時，可使用線性迴歸或追加正規化項的 Lasso 迴歸、Ridge 迴歸或 Elastic Net，否則可改用迴歸樹或 SVR 這類非線性迴歸。

2.3.1 線性迴歸的機制

接下來介紹在眾多迴歸之中，最為簡單的線性迴歸。

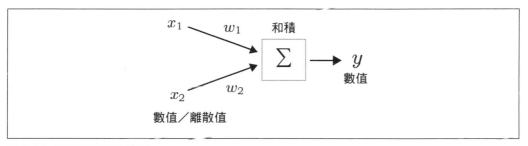

圖 2-35 線性迴歸的示意圖

圖 2-35 為線性迴歸的示意圖。與拿掉二元化部分，直接輸出數值的感知學習機「2.2.1 感知學習機」相同。

線性迴歸的目標函數為：

$$目標函數 = 損失函數的總資料和$$

損失函數使用的是平方誤差。

換言之，以最小平方誤差的直線趨近輸入資料，再得到作為參數使用的係數就是線性迴歸。接下來以範例說明。

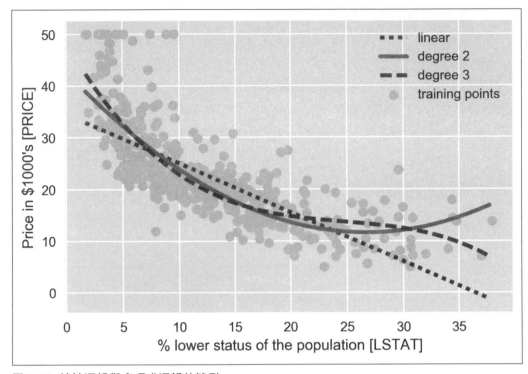

圖 2-36　線性迴歸與多項式迴歸的範例

圖 2-36 是針對美國房租資料的線性迴歸與多項式迴歸的圖表。以直線粗略呈現資料
的是線性迴歸，以使用二次曲線或三次曲線的多項式的曲線趨近資料的是多項式迴
歸。輸入橫軸的值之後，就傳回以直線或曲線推測的房租值。舉例來說，以線性迴歸
學習房租與平均年收的關係性之際，可找出房租 = a × 平均年收 + b 這條直線公式。
此時會盡可能地朝好的方向學習 a 與 b 的係數（線性迴歸的參數）。換言之，學習線
性迴歸或多項式迴歸的模型可得到與各變數相乘的權重。

2.4 集群、降維

這一節要說明的是集群與降維。

2.4.1　集群

集群（Clustering）是非監督式學習的方法之一，主要用於掌握資料的傾向。集群的種類有很多，例如依序統整類似組合的**階層集群法**（Hierarchical Clustering）或將距離相近的資料分成 k 個群組的 **k-means**。

k-means 在集群之中算是比較簡單的方法，常用於觀察資料的傾向。**圖** 2-37 為 k-means 的示意圖。找出資料（●）的重心（▲），再分成 k 個集群（Cluster）。

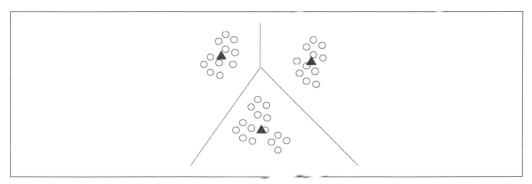

圖 2-37　k-means 的示意圖（k=3）

其他的集群請參考 scikit-learn 的文件，其中詳盡說明了各集群的傾向 [14]。

2.4.2　降維

降維（Dimension Reduction）就是為了盡可能保存資訊，將高維資料轉換成低維資料的意思。例如，人類無法直接觀察一百維度的資料，但是若能盡量保持資料原有的特徵，再以二維的方式呈現資料，或許就能找出資料的某些特徵。前述的集群結果也可透過降維的方式找出傾向，藉此畫出資料之間的關聯性。降維不僅可具體呈現資

14　http://scikit-learn.org/stable/auto_examples/cluster/plot_cluster_comparison.html

料,也可將稀疏資料轉換成密集資料。降維後的資料也可轉換成監督式學習的訓練資料再進行學習。

最有名的降維手法就屬**主成分分析**(PCA, Principal Component Analysis),但近年來 t-SNE[tsne] 也很受歡迎。t-SNE 常於具體呈現資料的時候使用,由於比 PCA 更能具體呈現資料的關聯性,所以在 Kaggle 也很受歡迎。

2.5 其他

接下來介紹前面未及介紹,卻很常在機器學習或資料探勘常見的主題。下面介紹的四項不是手法,而是如分類或迴歸一般,都可利用機器學習進行的方法。

- **推薦**(Recommendation)
- **異常檢測**(Anomaly Detection)
- **頻繁模式探勘**(Frequent Pattern Mining)
- **增強學習**(Reinforcement Learning)

2.5.1 推薦

推薦是提示使用者可能喜歡的項目或與使用者正在瀏覽的項目類似的項目。相當於網路商店的「購買這項商品的人也買了這個」或「與這位歌手相關的歌手」,推薦相關商品的提示。主要是根據使用者的操作歷程與瀏覽傾向,使用類似的使用者或項目。

詳情將在第 7 章說明。

2.5.2 異常檢測

異常檢測是偵測信用卡盜刷或 DoS 攻擊這類異常的資料探勘手法,也稱為**異常值檢測**(Outlier Detection)。一般來說,異常值並不多,所以學習分類模型之後,常會當成

「正常」值輸出。第三章會進一步說明的是，在學習有偏差的類別時，假設只能得到 0.5% 的異常值，若無法掌握異常值的特徵，就會將這些異常值全部當成「正常值」輸出（這種問題稱為**不平衡資料，imbalanced Data**）。若是在全部輸出「正常」的模型裡，不注意評估而直接計算正確解答率，就會將 99.5% 的「正常值」當成正確解答。基於資料有極端偏差值這項特徵，異常檢測常使用非監督式學習，而這部分的內容非常廣泛，所以本書不得不割愛給其他書籍 [ideanormaly][ideanomaly2]，不過大家大概可以想像一下，就是將遠離集中資料的資料點當成異常值的概念 [15]。若使用 scikit-learn，則可使用 SVM 基底的 One Class SVM 執行異常檢測手法。

2.5.3 頻繁模式探勘

頻繁模式探勘是從資料篩選出常見模式的手法。一如「啤酒與紙尿布常一起買」的行銷故事，就是從購買資訊篩出常見模式。最有名的方法為**關聯規則（Association Rule）**，可使用 Apriori **運算法**找出關聯規則。可惜的是，scikit-learn 未內建頻繁模式探勘的程式庫，大家可改用 SPMF[16] 這類工具試看看。

此外，進行時間軸資料的分析時，也常使用 ARIMA（**整合移動平均自我迴歸模型**）演算法。

2.5.4 增強學習

增強學習是根據經驗反覆嘗試，找出在某個情況下的最佳方針的方法。與其他學習不同的是，增強學習是在圍棋或將棋這類以「**贏得比賽**」為目的決定行動，再根據該行動結果決定下一步的方法。

15　較單純的方法是將資料套入常態分佈後，將 2σ 之外的值視為異常。
16　http://www.philippe-fournier-viger.com/spmf/

最常提出的例子就是小寶寶在不斷地失敗與嘗試後，總算學會走路的例子，也就是為了達成某個目的而不斷反覆嘗試，以便得到最佳化結果的意思。

增強學習在自動駕駛與遊戲 AI 的領域是非常重要的機器學習，本書雖然未針對增強學習介紹，但有興趣的讀者不妨參考 [reinforcement-learning]。

2.6　本章總結

本章介紹了監督式學習的分類、迴歸以及非監督式學習的集群、降維與其他的演算法。

監督式學習的部分學到了呈現決策分界線的函數，以距離進行判斷的方法，以及學習樹狀規則的函數，非監督式學習的部分則學到找出資料之中的隱藏分類的集群以及讓資料變得具體可見的降維。

該選擇哪種演算法，端看個人使用機器學習的功力，一邊觀察資料的傾向，一邊嘗試各種演算法。雖然看似繞遠路，卻常常是邁向成功的捷徑。

## 第三章

評估學習結果

將機器學習嵌入系統之際,很少一開始就得到滿意的結果,所以到底該如何評估得到的結果呢?本章就要為大家解說評估機器學習結果的方法。

3.1 分類的評估矩陣

本節要以垃圾郵件分類為例,介紹下列四項指標:

- 正確率(Accuracy)
- 精確率(Precision)
- 召回率(Recall)
- F 值(F-measure)

此外,也會說明與上述四項指標有關的三個重要概念:

- 混淆矩陣(Confusion Matrix)
- 微觀平均(Micro-average)、宏觀平均(Macro-average)

3.1.1 可如何使用正確率?

分類的任務就是能否正確分類,也就是測試分類器的性能。一開始先介紹最簡單的**正確率(Accuracy)**。

正確率可利用下列的公式計算

$$正確率 = \frac{正確解答數}{預測的總資料數量}$$

讓我們以垃圾郵件與一般郵件的分類說明吧。這種垃圾郵件篩選的過程就是二元分類。

以人工分類一百封郵件之後，發現垃圾郵件的數量為 60 件，正常郵件為 40 件。假設手邊有將所有郵件分類為垃圾郵件的分類器，那麼正確率就是 60%。

在處理分類問題時，隨機輸出的結果通常是最低程度的性能。以二元分類而言，兩個類別會隨機輸出，所以正確率會是 50%，如果是三元分類的話，三個類別與隨機輸出，所以平均的正確率為 33.3%。雖然這個 60% 的正確率看起來比隨機的二類別預測模型的正確率還要高，但是將所有郵件都當成垃圾郵件這點，讓人覺得並未正確評估郵件。就實務而言，想要篩出來的類別通常會有很多偏頗的性質，所以在處理這類偏頗的資料時，只講究正確率是毫無意義的。

3.1.2 考慮資料偏差的精確率與召回率

那麼該將重點放在何處呢？答案是**精確率**（Precision）與**召回率**（Recall）。

精確率又稱適合率，是代表輸出結果有多少程度正確的指標，而召回率則是代表輸出結果在正確解答之中，佔多少比例的指標。

以垃圾郵件為例，精確率就是在預測為垃圾郵件的郵件之中，真的是垃圾郵件的比例。假設預測為垃圾郵件的郵件共有 80 封，而真的是垃圾郵件的有 55 封，那麼精確率可利用下列的公式算出。

$$精確率 = \frac{55}{80} = 0.6785 \fallingdotseq 0.68$$

雖然比隨機的 0.5 來得高，但也不算是太高吧。

那麼召回率又如何？召回率是指在所有郵件的垃圾郵件數量之中（以這個範例來說是 60 封），與預測為垃圾郵件的正確解答（以這次而言是 55 封）之間的比例。

換言之，召回率可利用下列的公式算出。

$$召回率 = \frac{55}{60} = 0.916 \cdots \fallingdotseq 0.92$$

這裡的數字相對比較高。在這種召回率接近 1 的情況下，這種分類方式可評估為「重視召回率」，而這種重視召回率又代表什麼意思呢？

精確率與召回率互為反比的關係，在面對不同的問題時，重視的對象也不一樣。

如果認為正確地預測比漏判來得重要，那麼可將重點放在正確率。以篩選垃圾郵件為例，比起將重要郵件視為垃圾郵件這點，偶爾沒將垃圾郵件判斷為垃圾郵件也沒關係。換言之，只要判斷為垃圾郵件的郵件真的是垃圾郵件即可。

另一方面，若希望有些誤判也沒關係，只要能滴水不漏地找出垃圾郵件時，即可將重點放在召回率。重視召回率可說是在後續瀏覽所有資料時，將重點放在多少誤判的方法。舉例來說，在罕見疾病的門診裡，或多或少會有誤診，但只要再檢查一次，就能確認是否為疾病，而這就是重視召回率的做法。

以這次垃圾郵件而言，重視召回率似乎沒什麼意義。

3.1.3 透過 F 值觀察平衡的優異性能

在上述這種互為反比的關係下比較分類器的值稱為 F 值（F-measure），也就是精確率與召回率的調和平均。

F 值可利用下列的公式計算。

$$\text{F 值} = \frac{2}{\dfrac{1}{\text{精確率}} + \dfrac{1}{\text{召回率}}} = \frac{2}{\dfrac{1}{0.68} + \dfrac{1}{0.92}} \fallingdotseq 0.78$$

如果召回率與精確率之間的關係很平衡，F 值就會很高，換言之，F 值越高，代表上述兩個指標的關係越平衡。

3.1.4 了解混淆矩陣

接著要說明的是**混淆矩陣**。分類的問題通常會基於下面的表格思考，建議大家先記住這張表格。

圖 3-1 就是混淆矩陣。混淆矩陣有兩個軸，第一個預測結果的軸會將某種分類模型的預測結果視為陽性（Positive，在垃圾郵件的例子，就是判斷為垃圾郵件的結果）或陰性（Negative，在垃圾郵件的例子就是判斷為非垃圾郵件的結果）。第二個實際結果的軸是以人工確認是否真為垃圾郵件的結果，實際的結果分成陽性與陰性。

以這兩個繪製的表格就是混淆矩陣。

		預測結果	
		Positive （垃圾郵件）	Negative （非垃圾郵件）
實際結果	Positive （垃圾郵件）	真陽性 （True Positive, TP）	偽陰性 （False Negative, FN）
	Negative （非垃圾郵件）	偽陽性 （False Positive, FP）	真陰性 （True Negative, TN）

圖 3-1 混淆矩陣的表格

一如「真陽性」的字面意義，第一個字的真偽（True ／ False）代表與實際結果比較之後的正確與否，第二個文字的陽性／陰性則代表預測結果。

讓我們以混淆矩陣來說明剛剛的垃圾郵件。剛剛的垃圾郵件的條件為「在一百封郵件之中，實際為垃圾郵件的數量為 60 封。某個分類器預測為垃圾郵件的封數為 80 封，其中真的是垃圾郵件的為 55 封」。讓我們試著以這個條件繪製混淆矩陣。

第一點，預測為垃圾郵件的 80 封郵件之中，真的是垃圾郵件的郵件有 55 封。這就是真陽性（TP）的數量。

		預測結果	
		Positive（垃圾郵件）	Negative（非垃圾郵件）
實際結果	Positive（垃圾郵件）	55	
	Negative（非垃圾郵件）		

圖 3-2　混淆矩陣範例：Step 1 得到真陽性的數字

接著是在預測為垃圾郵件的 80 封郵件之後，明明不是垃圾郵件卻被誤判為垃圾郵件的封數，也就是 80-55=25 封。這部分是偽陽性（FP）的數字。

		預測結果	
		Positive（垃圾郵件）	Negative（非垃圾郵件）
實際結果	Positive（垃圾郵件）	55	
	Negative（非垃圾郵件）	25	

圖 3-3　混淆矩陣範例：Step 2 得到偽陽性的數字

接著是在一百封郵件之中，以人工確認為垃圾郵件的數量為 60 封。由於正確預測為垃圾郵件的有 55 封，所以被誤判為垃圾郵件的正常郵件為 60-55=5 封，這就是偽陰性（FN）的數字。

		預測結果	
		Positive（垃圾郵件）	Negative（非垃圾郵件）
實際結果	Positive（垃圾郵件）	55	5
	Negative（非垃圾郵件）	25	

圖 3-4 混淆矩陣範例：Step 3 得到偽陰性的數字

最後的部分則是預測為正常郵件的有 100-80=20 封，但是正常郵件的數字應該得扣掉被誤判為垃圾郵件的 5 封郵件，也就是 20-5=15 封。

		預測結果	
		Positive（垃圾郵件）	Negative（非垃圾郵件）
實際結果	Positive（垃圾郵件）	55	5
	Negative（非垃圾郵件）	25	15

圖 3-5 混淆矩陣範例：Step 4 得到真陰性的數字

接著讓我們根據這個混淆矩陣重新計算精確率與召回率。精確的意義是預測結果有多麼正確，而召回率則是在真的被確認是垃圾郵件與預測為垃圾郵件的比例。

$$精確率 = \frac{TP}{TP + FP} = \frac{55}{55 + 25} \fallingdotseq 0.69$$

$$召回率 = \frac{TP}{TP + FN} = \frac{55}{55 + 5} \fallingdotseq 0.92$$

為了方便比較，可試著算出正確率。下列計算正確率的公式已與兩邊的類別整合，整合之後也會發現，正確率是多麼粗糙的指標。

$$正確率 = \frac{TP + TN}{TP + FP + TN + FN} = \frac{55 + 5}{55 + 5 + 25 + 15} = 0.7$$

此外，scikit-learn 內建了 confusion_matrix 這個計算混淆矩陣的函數。下列是計算混淆矩陣的程式碼範例，以 print(cm) 輸出的矩陣會依照剛剛繪製表格的順序，逐次輸出混淆矩陣的值。

```
from sklearn.cross_validation import train_test_split
from sklearn.metrics import confusion_matrix

# 將資料與正確解答標籤分割成學習用與測試用的資料
data_train, data_test, label_train, label_test = train_test_split(data,
label)

# 預測某種結果。以線性 SVM 預測為例
classifier = svm.SVC(kernel='linear')
label_pred = classifier.fit(data_train, label_train).predict(data_test)

# 計算混淆矩陣
cm = confusion_matrix(label_test, label_pred)
print(cm)
# [[55 5]
# [25 15]]
```

實際繪製混淆矩陣時，會使用 confusion_matrix 函數進行交叉驗證。這是因為以訓練資料建立預測模型，再以訓練用的驗證資料建立混淆矩陣，可自動比較與評估模型的性能。

3.1.5 多類別分類的平均值計算：微觀平均與宏觀平均

此外，在多類別分類的情況下，計算類別整體平均的方法有兩種。第一種是微觀平均，是以扁平的方式評估所有類別的結果。例如在三類別分類的問題裡，各類別的真陽性、偽陽性的數字分別為 TP_1、FP_1、TP_2、FP_2、TP_3、FP_3，那麼精確率的**微觀平均**(Micro-average) 可利用下列的公式計算。

$$精確率（微觀平均）= \frac{TP_1 + TP_2 + TP_3}{TP_1 + FP_1 + TP_2 + FP_2 + TP_3 + FP_3}$$

相對的，另一個**宏觀平均**（Macro-average）則是計算每個類別的精確率，最終的評估值則是以類別數除以精確率總和算出。

讓我們以三類別分類的宏觀平均為例說明。針對類別 1、類別 2、類別 3 是否為類別 1 的分類結果建立混淆矩陣，再分別計算精確率。假設所得的各類別精確率分別為精確率 $_1$、精確率 $_2$、精確率 $_3$，精確率的宏觀平均可利用下列的公式算出。

$$精確率（宏觀平均）= \frac{精確率_1 + 精確率_2 + 精確率_3}{3}$$

宏觀平均是橫跨類別的平均值，有助於了解整體的效能。如果各類別藏有偏頗的資料，使用宏觀平均就能一邊顧慮偏頗的資料，一邊評估模型的效能。

3.1.6 比較分類模型

比較模型性能時，資料通常會有偏頗，所以常利用 F 值比較。在實務解決問題時，必須考慮將重點放在精確率還是召回率，決定能達成最低目標的值，再微調參數。

如果是不允許誤判的情況，可在選取模型時先決定「精確率不達 0.9 以上的模型不予採用」的最低標準，然後調整參數，藉此提高 F 值。

本書雖未詳盡介紹，不過評估模型時，除了使用 F 值，也常使用 ROC **曲線**（Receiver Operating Characteristic Curve）以及以 ROC 曲線為雛型的 AUC（Area Under the Curve）。

建議大家將分類的性能視為是於商場應用時，最低的品質保證標準。太過執著於性能的微調，有時會陷入手段目的化的迷思，筆者有時也會出現這個問題。提高學習模型的性能與滿足商業目的是兩碼子事，所以請大家養成思考到底這個模型要實現的目的是什麼的習慣。

為此，在決定公開產品所需的性能後，最終再觀察是否滿足目標數值，然後建立持續改善模型的機制。

3.2 迴歸的評估

3.2.1 均方根誤差

迴歸可預測電力消耗量、價格這類連續數值的問題。迴歸的評估主要會使用**均方根誤差**（Root Mean Squared Error, RMSE）。

均方根誤差的公式如下：

$$RMSE = \sqrt{\frac{\sum_i (預測值_i - 實測值_i)^2}{N}}$$

預測值與實測值的這兩個矩陣的每個元素互減後，將減法所得的結果乘以平方再加總，接著再以矩陣的元素數量除之，然後替除法所得的結果開根號，就能算出均方根誤差。

寫成程式之後，內容如下：

```
from math import sqrt

sum = 0

for predict, actual in zip(predicts, actuals):
    sum += (predict - actual) ** 2

sqrt(sum / len(predicts))
```

由於 scikit-learn 內建了 mean_squared_error 函數，只要使用這個函數就能算出均方根誤差。

```
from sklearn.metrics import mean_squared_error
from math import sqrt

rms = sqrt(mean_squared_error(y_actual, y_predicted))
```

在迴歸分析的過程中思考輸出總資料平均值的預測模型時，這個均方根誤差就是代表資料分佈情況的**標準差（Standard Deviation）**。

因此，比較預測模型輸出值的均方根誤差，再將此當成最低標準（就分類問題而言，就是隨機輸出的預測模型）與標準差比較，就能評估預測模型的性能是否優異。

程式裡的 for 迴圈真的需要嗎？

剛剛在說明均方根誤差的計算時，使用了 for 迴圈計算誤差。以上述的範例而言，actual、predict 的資料量若不多，就不會有什麼問題，但是當資料量暴增，就得耗費不少時間計算。

若使用的是 Python 這類處理類語言，通常不會自己撰寫 for 迴圈計算，而是會使用 NumPy 或 SciPy 這類專為計算開發的程式庫計算，因為能快速算出結果。這類計算專用程式庫之所以能快速算出結果，是因為 Python 會偷偷將矩陣交給能高速計算的 C 或 Fortran 的程式庫處理。換言之，計算數值的處理盡量不要交給 Python 負責，才能維持程式的執行速度。

順帶一提，與 Python 一樣常用於統計分析的 R 語言也很不適合使用 for 迴圈計
算，所以也與 Python 一樣，將計算數值的處理交給 NumPy、SciPy 這類程式庫。

擅長計算數值的 Julia 語言為了方便軟體工程師學習，是以 for 迴圈撰寫矩陣的計
算處理，但大部分的語言都會將這類演算偷偷交給程式庫，以確保計算的速度。

3.2.2 決定係數

有別於均方根誤差，用來決定迴歸方程式適用度的是**決定係數**（Coefficient of
Determination）這項評估指標。決定係數在公式裡的符號為 R^2。公式通常可寫成下
列的內容。

$$\text{決定係數}\,(R^2) = 1 - \frac{\Sigma_i\,(\text{預測值}_i - \text{實測值}_i)^2}{\Sigma_i\,(\text{預測值}_i - \text{實測值的平均值})^2}$$

這是將平均值與預測值的差乘上平方再加總的值除以均方根誤差的分母，再以 1 減掉
這個結果的公式。與輸出平均值的預測模型相較之下，決定係數可說明性能的優異。
當決定係數的值越接近 1，代表模型的性能越優異，越接近 0 代表性能越差。

scikit-learn 內建了 r2_score 函數，可幫助我們輕鬆算出決定係數。

```
from sklearn.linear_model import LinearRegression
lr = LinearRegression()
lr.fit(x, y)

from sklearn.metrics import r2_score
r2 = r2_score(y, lr.predict(x))
```

此外，迴歸模型可使用 lr.score(x, y) 得出決定係數。

3.3 將機器學習嵌入系統的 A/B 測試

接下來是比評估機器學習模型稍微廣泛一點的內容。網站服務很常使用 **A/B 測試**這種測試[1]。舉例來說，就是稍微調整服務註冊按鈕的顏色與文字，從中選出適當設計的測試。

A/B 測試的優點在於可在同一時期內，對固定數量的使用者呈現不同的設計，藉此比較設計的優異。

如果在不同的時期比較，就有可能因為季節的影響而導致結果失準。假設銷售玩家的網站在聖誕節的時候將購買按鈕改成紅色，結果得到不錯的結果，那麼聖誕節過後，這個紅色的按鈕設計是否仍然有效？如果一整年都使用紅色按鈕，結果卻忽略季節這個影響因素，那恐怕完全無法驗證這項設計是否真有效果。

除了設計與文字之外，A/B 測試也很適合驗證機器學習的模型。在多數情況下，能離線評估的是精確率與召回率這類指標，有時也得追加實際購買或註冊這類轉換率的 KPI 指標。此外，有些事前沒有納入的因素也有可能會造成預料之外趨勢變化，此時不妨比較未使用模型時的效能以及使用多個模型預測結果之後的效能，就能選出更適合的模型。

再者，系統若設計成能以 A/B 測試進行測試的結構，就能階段性發表新模型，或是回到前版的模型，同時還能加速驗證的週期，降低機會成本的損失。

建立微調多個演算法或參數的離線模型，再利用 A/B 測試評估模型與建立更好的模型，然後再以離線的 A/B 測試驗證，是優異的驗證循環，詳細的內容請參考第 6 章的說明。

1　說是 A/B 測試，但不一定局限於兩種模式，也可在多種模式的時候使用。

3.4 本章總結

本章學習了評估學習結果的方法。

主要學習了正確率、精確率、召回率、F 值這類分類的指標。實務應用時，必須一邊參考混淆矩陣，一邊考慮哪個類別具有如何的性能。

此外，我們也學習均方根誤差與決定係數這兩個迴歸的評估指標。要使用哪個指標都可以，但必須先找出要以什麼為基準。

我們也學到 A/B 測試在機器學習裡的重要性。尤其知道機器學習的評估指標以及商業目標的 KPI 是不同的指標這點。讓我們將這兩種指標的不同放在心裡，別只是將注意力放在預測模型的評價指標。在離線模式下達成評估指標的目標，是站上在職場使用機器學習的起跑線的最低條件。

## 第四章

在系統嵌入機器學習

該如何將機器學習嵌入系統呢？本章要說明的是嵌入機器學習的系統構造，以及如何與獲得訓練資料息息相關的歷程收集方法。

4.1 讓機器學習嵌入系統的流程

在「1.2 機器學習專案的流程」也提過，不過實際將機器學習嵌入系統時，會以下列的流程推動：

1. 確定問題
2. 思考不使用機器學習比較好的方法
3. 思考系統的設計與解決錯誤的方法
4. 選擇演算法
5. 設計特徵值、訓練資料與歷程
6. 進行事前處理
7. 微調學習與參數
8. 嵌入系統

本章要針對其中的「系統設計」與「歷程設計」說明。

4.2 系統設計

機器學習的種類有很多種,而這次介紹的是可納入應用範圍最廣泛的監督式學習的系統構造。

分類與迴歸這類監督式學習通常會分成學習與預測兩個階段,而學習又分成批次學習與即時學習兩種。

本節就是要學習這些情況下的系統結構與重點,不過在正式開始學習之前,讓我們先整理一下既重要卻又容易搞混的用語吧!

4.2.1 容易混淆的「批次處理」與「批次學習」

在機器學習裡,「批次」是一個具有特別意義的字眼。雖然與常見的批次處理是同一個語源,但在機器學習的文章裡,提到「批次」指的通常是「批次學習」。因此這裡要說明「批次學習」與一般的「批次處理」有何不同。

本章將批次處理的反義語定義為即時處理。本書對批次處理的定義是進行一連串的處理或是處理本身,而即時處理則是依次處理每一筆傳入的感測器資料或歷程資料[1]。

此外,為了避免與「批次處理」混淆,之後都將批次學習稱為**整批學習**,在線學習都稱為**逐次學習**。

整批學習與逐次學習在學習模型時的資料儲存方法完全不同,整批學習為了計算權重,需要具備所有訓練資料,必須利用所有資料計算最適當的權重,所以當訓練資料越多,記憶體的消耗量就越大。假設要計算的權重 w_target 是所有權重的平均值,而要在整批學習的模式下計算 w_1 至 w_100 的權重的平均,可利用下列的公式計算。

1　聽到「即時處理」,可能會有人想到「是在幾 ms 之內完成處理嗎?」但本書只是為了方便解說,才將與速度無關的逐次處理稱為「即時處理」。

```
sum = w_1 + w_2 + w_3 + ... + w_100
w_target = sum / 100
```

反之，逐次學習則是給一筆訓練資料就計算一次權重。例如要計算下列的平均時，只會針對記憶體裡的資料計算權重。假設此時的權重為 w_tmp，那麼只需要總和的 sum 與元素的數量 cnt 就能算出平均值。若寫成程式碼，就是下列的內容。

```
sum = 0
cnt = 0
while has_weight():
    w_tmp = get_weight()
    sum += w_temp
    cnt += 1

w_target = sum / cnt
```

容我重申一次，整批學習與逐次學習所需的資料是不一樣的，換言之，只有學習時的最佳化方針不同而已 [2]。

那麼，批次處理可處理什麼？其實若只說「批次處理」，內容是沒有特別規定的。在機器學習的文章裡，批次處理可以是學習，也可以是預測，即時學習也一樣，可以是學習也可以是預測。

這裡問題來了。在下列的組合之中，可行的處理與學習的組合是哪個？

1. 在批次處理的模式下整批學習
2. 在批次處理的模式下逐次學習
3. 在即時處理的模式下整批學習
4. 在即時處理的模式下逐次學習

2　介於整批學習與逐次學習中間的還有迷你批次學習（mini-batch training）。這是以一定規模的資料建立取樣群組，再對此群組反覆進行整批學習的學習方式，後來因為隨機梯度下降法（SGD）的效果而急速普及。深度學習目前也以迷你批次學習為主流。

最常見的誤解就是「整批學習只能在批次處理下進行，逐次學習只能在即時處理下進行」。其實除了 3 之外，其他組合都可行。1 與 4 應該沒什麼問題才對，那麼 2 的「在批次處理的模式下逐次學習」又是怎麼一回事？剛剛說過，逐次學習是在最佳化時，逐筆處理資料的最佳化方針，換言之，批次處理是一口氣處理所有整理好的資料，但是仍可採用逐次學習的最佳化方針。

在預測階段的部分，不論學習階段的最上化方針或處理方法為何，批次處理的預測方式與即時處理的預測方式是可以共存的。

實際學習時，除了無法保存資料之外，學習階段採用批次處理會比較容易反覆嘗試。

接下來要帶大家了解在批次處理的模式下，三種進行學習的預測模式以及即時處理的模式。下面列出的是各種模式：

1. 在批次處理的模式下，以網路應用程式直接算出學習＋預測的結果（在即時處理的模式下預測）
2. 在批次處理的模式下，透過 API 使用學習＋預測的結果（在即時處理的模式下預測）
3. 在批次處理的模式下，透過 DB 使用學習＋預測的結果（在批次處理的模式下預測）
4. 在即時處理的模式下逐次學習

4.2.2 在批次處理的模式下，以網路應用程式直接算出學習＋預測的結果（在即時處理的模式下預測）

在三種預測模式之中，最為單純的就是這個模式。這個模式是在批次處理的模式下進行整批學習，再於網路應用程式的即時處理模式下使用學習所得的預測模型。將預測處理植入 monolithic[3] 的網路應用程式，再透過程式庫的 API 取得預測結果，然後將預測結果傳遞給網頁應用程式（**圖 4-1**）。

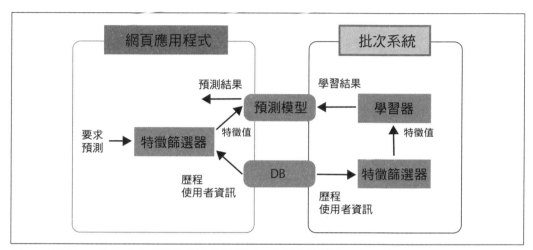

圖 4-1　模式 1：在批次處理的模式下學得模型，直接在網頁應用程式使用

這種模式的特徵有下列兩點：

- 預測時，需要即時處理
- 網頁應用程式與機器學習的批次系統必須使用相同的語言

這種模式的構造較為單純，也比較容易嘗試，適合於小規模試作使用。

利用吃角子老虎演算法最佳化廣告發送這類無法事前準備輸入資料，想於低延遲的情況下使用預測結果的情況也能使用這種模式。為了降低延遲，資料的提取、前置處理、特徵篩選、預測這一連串的處理最好能在低延遲的狀態下完成。此時，就必須先在 RDB 或 Key Value Store 這類資料庫存入預先處理過的資料，或是為了減少特徵篩選的步驟而先儲存已部分處理完畢的特徵值。此外，預測模型也應該是容易放入記憶

3　統整批次系統與網頁應用程式以及各種功能的大型系統架構。

體的大小，而就空間計算量與時間計算量的觀點來看，預測處理的負荷較低的演算法與精巧的模型比較適合。

另一方面也有機器學習的處理部分與網頁應用程式較容易緊密結合的面向。應用程式的規模放大後，變更程式碼或部署的成本就會增加，機器學習的開發也容易趨於保守。

若是討厭這類限制，機器學習的原型可利用 Python 打造，然後將預測邏輯移植到網頁應用程式使用的 JavaScript 或 Ruby，或是建立以 C++ 撰寫的程式庫的繫結。

在這套系統（**圖 4-1**）之中，網頁應用程式與批次系統是以相同的語言撰寫。網頁應用程式與批次系統可共享大部分的構造。利用共通的特徵篩選器從一個 DB 取得的歷程或使用者資訊（雖然圖中是於不同的模組進行）篩選特徵值。一如「1.2.5 設計特徵值、訓練資料與歷程」所介紹的，特徵篩選器可將文字這類資訊轉換成學習器能理解的格式，如果這個特徵篩選的處理不同，那麼就算使用相同的模型也不可能得到相同的預測結果。

歷程設計的部分將在「4.3 歷程設計」進一步說明。

學習階段（**圖 4-2**）是透過批次系統從 DB 取得預先儲存的歷程與使用者資訊，再藉此篩出特徵值，然後根據此特徵值學習某種模型。讓這個模型序列化之後，再存入資料庫，就是所謂的學習結果。

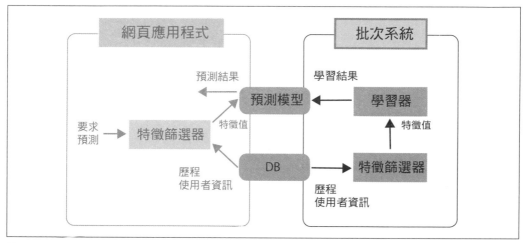

圖 4-2　模式 1：學習階段

進入預測階段（**圖 4-3**）之後，網頁應用程式會因為事件的觸發而發出預測的要求。
例如，有使用者留下了可能是垃圾訊息的評論。事件觸發時，從資料庫（或是直接要
求資訊）取得要預測的對象（例如評論），再篩選特徵值。載入剛剛先序列化後儲存
的模型，再輸入剛剛篩出的特徵值，然後輸出預測結果（例如：垃圾訊息／非垃圾訊
息）。最後將這個結果回饋給使用者，再進入下一個處理。

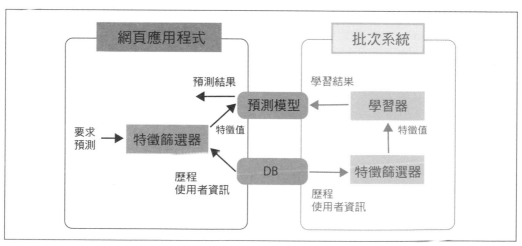

圖 4-3　模式 1：預測階段

4.2.3 在批次處理的模式下，透過 API 使用學習 + 預測的結果（在即時處理的模式下預測）

這種模式（**圖 4-4**）不使用網頁應用程式，而是建立簡單包裝預測處理的 API 伺服器。這種模式一樣是以批次處理的模式學習，但是在透過網頁應用程式使用預測結果的階段裡，卻改由 API 的即時處理進行預測。最明顯的特徵就是建立對 HTTP 或 RPC 的要求傳回作為回應的預測結果的 API 伺服器。

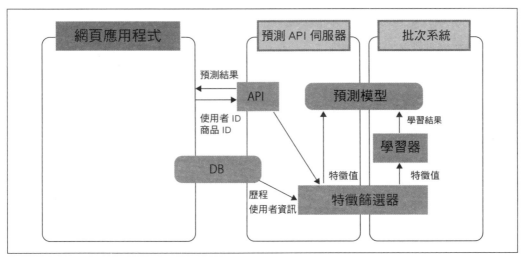

圖 4-4　模式 2：透過 API 取得在批次處理的方式下學到的預測結果

這個模式的特徵有下列兩點：

- 網頁應用程式與機器學習的程式語言可以不同
- 可在即時處理的模式下預測網頁應用程式的事件

為了能自由選擇機器學習環境而選擇快速打造原型的方法下，系統的規模就會變得很大，所以很難在即時處理的預測不重要的情況使用這個構造。使用 scikit-learn 這類程式庫建置之前，必須自行建置 API 伺服器，然後在預測伺服器之前配置負載平衡器，再依照負荷增減預測伺服器，換言之需要調整系統的規模。如果只是試用這個模式，可使用 Azure Machine Learning、Amazon Machine Learning 這類機器學習服務或是內建 Apache PredictionIO（incubating）這類預測伺服器的 Framework。最近利用 AWS Lambda 建立預測 API，利用事件驅動模式進行容易調整規模的預測也變得簡單。此外，將預測模型存入 Amazon S3 這類物件儲存空間，再建立 API 伺服器的 Docker image，然後使用 Amazon Elastic Container Service 或 Google Kubernetes Engine 建立容易調整規模的構造也變得容易。

在這種模式下，與網頁應用程式的關係是稀疏耦合，所以針對改變學習使用的演算法或特徵值的多個模型進行 A/B 測試時，會較容易比較模型的不同。

不過，與模式 1 相較之下，使用 API 伺服器與預測結果會在用戶端之間產生更多資料傳輸作業，延遲時間也會更長。若希望縮短延遲時間，可將傳遞 HTTP 或 RPC 這類要求的部分轉換成非同步處理的模式，在等待預測結果的時候，同時進行其他處理。

4.2.4 在批次處理的模式下，透過 DB 使用學習 + 預測的結果（在批次處理的模式下預測）

最方便於網頁應用程式使用的就是這個模式，也是最適合一開始嘗試的模式。

這是在處理分類問題時，以整批學習的方式學習監督式學習模型，然後以批次處理的方式使用這個模型預測，接著將預測結果存入資料庫的方法。

這個模式是以資料庫作為預測批次處理與應用程式的橋梁，所以最明顯的優點在於網頁應用程式與撰寫機器學習的學習、預測的程式語言可以不同。此外，與後述的 API 模式不同的是，雖然預測處理得花一點時間執行，卻不會影響應用程式的回應。

這個模式的特徵如下：

- 預測所需的資訊在執行預測批次處理的時候就存在

● 不需要為了事件（例如使用者瀏覽網頁）即時傳回預測結果

具體來說，這種模式適合於每 6 個小時的批次處理分類商品說明這類很少變化的內容，或是透過每天的批次處理從某天的使用者瀏覽歷程將使用者分類至某個使用者集群這類預測頻率大概一天一次（短則幾小時一次）也不會有問題的對象或結果。舉例來說，根據使用者的存取歷程客製化廣告郵件的內容就適合使用這個模式。

這個模式的系統結構請參考**圖** 4-5。網頁應用程式與執行機器學習的批次系統之間，只透過資料庫存取，所以兩邊的系統不一定得使用相同的程式語言。換言之，就算網頁應用程式使用 Ruby on Rails 撰寫，也能使用 Python 或 R 撰寫批次系統，所以能更快速選出適合的演算法與特徵值，讓機器學習的嘗試週期變得更快。

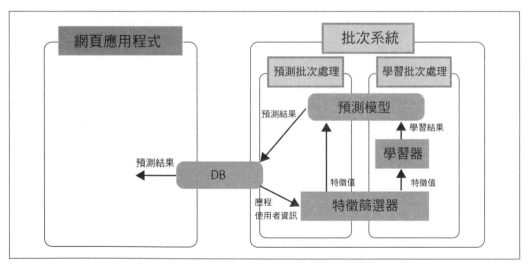

圖 4-5　模式 3：藉由 DB 取得透過批次處理學習的預測結果

在學習階段（**圖** 4-6）時，是從歷程或使用者資訊篩出特徵值，再以整批學習的方式學習模型。這裡建立的模型會先序列化後儲存，等到預測階段的時候使用。

學習批次處理的執行間隔比預測間隔長。重新學習的間隔則視預測對象有多少變化而調整。若希望定期重新學習，則必須如「1.2.8　嵌入系統」所介紹的，確認以黃金標準重新學習後，精確度是否下降。

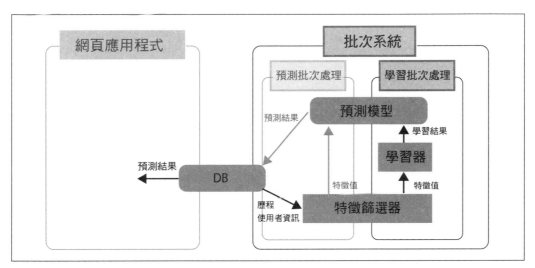

圖 4-6　模式 3：學習階段

在預測階段（**圖 4-7**）時，是利用在學習階段建立的模型進行預測。使用與學習階段相同的特徵篩選器，從資料庫取得特徵值再預測。預測結果會先轉化為網頁應用程式能使用的格式，再儲存至資料庫。

相較於其他模式，這個模式有比較多時間能用來預測，但是隨著預測對象這類內容增加，處理時間也會相對增加，因此，若對所有內容進行重新預測的批次處理，處理時間有可能會因為資料量的增加而大幅拉長，甚至無法於當天的排程消化，這點一定得多加注意。

在此，頻繁地重新學習模型或是更換特徵值與演算法，建立多個模型時，也得多注意預測所耗費的時間。如果，資料的特性沒有太大變化，或許可以只對新增的內容進行預測就好。若真的必須重新預測所有資料，不妨同時進行多個預測處理，或是在 Spark 這類可分散處理的環境下重新預測。

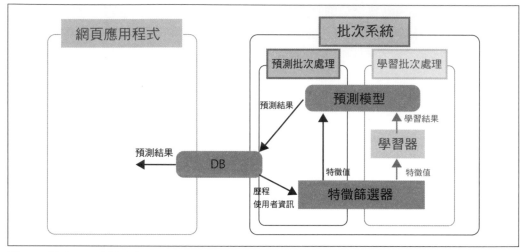

圖 4-7　模式 3：預測階段

4.2.5　在即時處理的模式下逐次學習

在「4.2.1　容易混淆的「批次處理」與「批次學習」」的時候雖然說過沒有在即時處理模式下的學習，但其實也不是全然沒有。需要在即時處理的模式下學習的情況到底是什麼呢？

吃角子老虎這類運算法或即時推薦有時需要透過即時處理即時更新參數。此時會利用訊息佇列存取輸出入的資料。不過，分類與迴歸就不太需要即時更新模型。

如果需要在短暫而頻繁地更新模型，可每隔一小時或是在任意的時間點以批次處理的模式學習累積的資料，而最佳化方針則可採用能追加學習的迷你批次學習。

即時推薦的結構是 Oryx[4] 這個 Framework，而這個 Framework 則與分散訊息佇列的即時更新的 Apache Kafka 搭配。也可以考慮使用這個架構。此外，Jubatus[5] 這個適合逐次學習的 Framework 也是預設在這種模式底下使用的框架。

4　https://github.com/OryxProject/oryx
5　http://jubat.us/ja/

4.2.6 各模式總結

各模式的特徵請參考表格 4-1。

表 4-1 系統結構模式的總結

模式	整批學習 + 直接預測	整批學習 +API	整批學習 +DB	即時
預測	發出要求時	發出要求時	批次	發出要求時
提供預測結果	透過程序裡的 API	透過 REST API	透過 DB	透過 MQ
從要求預測到結果的延遲時間	○	○	◎	◎
從取得新資料到傳遞預測結果的時間	短	短	長	短
在單次預測處理耗費的時間	短	短	長	短
與網頁應用程式的結合度	緊密	稀疏	稀疏	稀疏
與網頁應用程式的設計語言是否相同	相同	各自獨立	各自獨立	各自獨立

選擇模式的重點在於拿捏獨立於網頁應用程式的機器學習的程式庫與取得資料到傳回預測結果的週期時間孰輕孰重。

請拿捏開發速度與處理速度的比重，再選出適當的模式。

在 Python 以外的環境使用以 Python 學到的模型

具備豐富的演算法與使用者的 scikit-learn 已成為現行的實質標準，但是筆者聽過在其他語言使用 scikit-learn 學到的模型的例子，例如在 Swift 或 JavaScript 使用模型。

就後者而言，在問過實際撰寫程式的人之後，他告訴我網頁應用程式的程式碼是以 Node.js 撰寫，所以可利用 Node.js 撰寫決策樹或邏輯迴歸這類演算法[6]。機器學習的程式庫比一般的程式設計更難檢查錯誤，所以我覺得這種做法非常困難。

為了在其他語言使用 Python 學到的模型，目前已有 PMML[7] 或 PFA[8] 這類跨語言或 Framework 載入／匯出模型的規格，但是支援的 Framework 極為有限，在 2017 年的時候，還沒有解決這個問題的萬靈丹。

此外，TensorFlow 是具備 Python API 的 Framework，只要將模型轉換成 TensorFlow Lite 的格式，就能在 iOS 或 Android 使用學習所得的模型[9]。今後，於 Framework 層級支援多平台的軟體或許會越來越多。再者，Apple 從 iOS 11 開始內建稱為 Core ML 這個適合 iOS 使用的 Framework。值得一提的是，利用 scikit-learn 或 XGBoost、Keras 這類機器學習 Framework 學習所得的模型已可轉換成適合 iOS 使用的格式[10]。像這樣將模型轉換成 iOS 可用的格式，應該就能高速完成預測處理。

4.3　歷程設計

本節要說明的是為了取得機器學習系統訓練資料的歷程以及特徵值。

在機器學習，尤其是監督式學習的情況下，通常會收集網頁伺服器的應用程式歷程，以及使用者點選哪些選項的行動歷程，然後從這些資料篩出特徵值。

6　http://www.slideshare.net/TokorotenNakayama/mlct

7　http://dmg.org/pmml/v4-3/GeneralStructure.html

8　http://dmg.org/pfa/index.html

9　https://www.tensorflow.org/mobile/

10　https://developer.apple.com/documentation/coreml/converting_trained_models_to_core_ml

作為機器學習的輸入資料使用的訓練資料通常來自系統的歷程資料。

歷程資料與資料庫的資料不同，沒有綱要（Schema），若一開始沒有記錄，後續也很難取得，所以在嵌入系統之際，會用到很多技巧。歷程的設計是決定特徵值的重點。舉例來說，使用者 ID 在多家公司提供的網頁服務都不一樣時，Cooike 就必須嵌入 UUID，收集同一位使用者的 ID。不過，若未記錄 UUID，就無法比對使用者 ID，也就無法從多種網頁服務取得特徵值。一如 Feature Engineering 這個字眼，只有在不斷的嘗試與失敗之後，才能取得適當的特徵值，但與其製作歷程沒有的資訊，還不如一開始先仔細地設計歷程資訊。要取得可用的歷程資料，就必須先思考需要哪些資訊。

本節要說明的是將某處的某種資料應用在訓練資料的概要，而具體的訓練資料收集方法則將在第 5 章說明。

4.3.1 可用於特徵值與訓練資料的資訊

可用於特徵值或訓練資料的資訊大致有下列三種：

1. 使用者資訊
2. 內容資訊
3. 使用者行動歷程資訊

使用者資訊就是請使用者在註冊之際填寫的內容，例如性別這類使用者屬性的資料。**內容資訊**就是部落格的文章或商品這類內容本身的資訊。一般來說，這些資料都會儲存在 RDBMS，而 RDBMS 則適用於以 MySQL 為核心的 OLTP（Online Transaction Processing）。**使用者行動歷程資訊**則是使用者瀏覽了哪些頁面（存取歷程）或使用者購買了哪些商品的這類事件歷程。使用者行動歷程資訊常帶有廣告點擊事件或商品購買這類與轉換率有關的資訊，所以很容易當成訓練資料使用，請大家務必收集。使用者行動歷程資訊的資料量較為龐大，通常會儲存在物件儲存空間、分散 RDBMS 或 Hadoop 的儲存空間。

4.3.2 儲存歷程的位置

由於使用者行動歷程資訊的資料量較龐大，所以必須儲存在適當的位置。若是儲存在 MySQL 或 PostgreSQL 這類營業用 RDBMS，以後就很難觀察資料的整體走向。這類 資料不僅可於機器學習使用，也可透過報表（Reporting）或儀表板（Dashboard）這 類統計處理視覺呈現。在開始機器學習之前進行對話式分析，大概可列出下面這幾種 儲存資料的方法。

- 儲存在分散式 RDBMS
- 儲存在分散式處理 Hadoop 集群的 HDFS
- 儲存在物件儲存空間

可於這些儲存方法共用，而且比較推薦的是能以 SQL 存取資料這點。以 SQL 存取資 料之後，不需要撰寫其他程式語言，也能進行各種分析。從資料篩選出必要資訊之後 再傳送的操作很容易，所以可讓資料的傳送成本下降。近年來，Amazon 的 Amazon Redshift 或 Google 的 Google BigQuery 這類全面管理雲端型的分散式資料庫服務已 開始提供，所以也能輕易建立資料倉儲。

此外，也可以儲存在使用 Apache Hadoop 的分散式檔案系統 HDFS（Hadoop Distributed File System）。使用 Apache Hive、Apache Impala（Incubating）、Presto 這些在 Hadoop 執行的 SQL 引擎，就能輕鬆利用 SQL 存取資料。

直接儲存在雲端空間也是選擇之一，雖然與第二種方法很類似。此時使用 Amazon Elastic MapReduce（EMR）或 Google Cloud Dataproc、AzureHDInsight 這類分 散式處理管理服務，就能進行 SQL、MapReduce 以及 Apache Spark 的複雜處理。尤其近年來將資料存入 Amazon S3 這類物件儲存空間，再以 Impala、Hive、Presto 或 AWS Athena 直接查詢的模式也越來越多。

使用 SQL 統計這些原始資料之後，就能當成機器學習的資料集使用。

若是已經使用網頁應用程式，存取歷程這類歷程資料應該會儲存在雲端空間或分散式資料庫。使用下列的雲端管理服務應該能降低管理成本。

- 雲端空間
  - Amazon S3
  - Google Cloud Storage
  - Microsoft Azure BLOB Storage
- 分散式管理資料庫
  - Amazon Redshift
  - Google BigQuery
  - Treasure Data

在網頁應用程式伺服器安裝 Fluentd、Apache Flume、Logstash 這類歷程資料收集軟體，再將這類歷程資料傳送到儲存位置。最近也出現了 Embulk 這類批次傳送資料的軟體或是利用分散式訊息系統 Apache Kafka 收集規模不一致的歷程資料的情況。

4.3.3 設計歷程資料的注意事項

開發機器學習的系統時，很難一開始就找到有效的特徵值，通常得不斷地嘗試與尋找，換言之，在設計服務的一開始就預設需要的使用者資訊與內容資訊。

雖說設計 KPI 的時候，指標是越少越好，但是可用於機器學習的資訊則是越多越好。之後可視情況增加選擇特徵的邏輯或是降維，但還是很難增加沒有預先儲存的資訊。舉例來說，預測使用者是否會點選廣告時，通常盡可能地保存預測相關資訊的多元性，例如得保存性別、在上午／下午瀏覽頁面、廣告的分類。

此外，也必須觀察目前取得的歷程資料能否用來建立訓練資料。曾經發生過儲存了「點選廣告的歷程資料」，但是「顯示廣告的歷程資料」卻因為資料量過多而不得不報廢。由於此時沒有「廣告顯示了，使用者卻沒點選」的歷程資料，所以無法建立訓練資料，也無法預測使用者是否點擊廣告。

除此之外，也有未儲存主資料變更歷程的情況。接到希望調查商品說明與銷路關聯性的案子後，收到了購買歷程資料與商品主要資料，可是商品說明都是直接以商品主要資料覆寫，缺乏商品說明的應用期間是從何時到何時的資料，所以無法釐清商品說明與銷路之間的關係。

如果開發、經營系統的人與負責資料分析的人不同，有可能會移除驗證所需的轉換率以及其他的原生資料，或是主要資料的變更歷程這類重要資料，這點還請大家多多注意。

另一點希望大家注意的是歷程資料的格式變更。資料越多，機器學習越可能達到需要的性能，長時間收集資料之後，歷程資料的格式有可能因為服務追加功能或是變更規格而產生改變，也有可能會取得不同的資訊，可是用於輸入資料的特徵值集不可能中途改變內容，所以必須考慮要使用的是長時間累積的舊資訊的特徵值集，還是使用短期資料的新特徵值集。

大規模資料的傳送成本

大規模資料的機器學習的最大瓶頸就是資料的傳送時間。以筆者的經驗而言，最好別一口氣下載超過 1GB 的原始歷程資料，然後全在記憶體處理。

使用 scikit-learn 學習時，一定會遇到必須將資料傳送給執行機器學習批次處理的伺服器的情況，此時若想節省傳送的時間，可讓 MySQL 這類 OLTP 伺服器的資料與分散式 RDBMS 的資料倉儲同步，盡可能在分散式 RDBMS 利用 SQL 進行前置處理。

> 若需要定期對大規模資料執行複雜的前置處理，例如要以 Amazon Elastic Map Reduce 加工放在 Amazon S3 的資料時，就得盡可能避免將資料下載至本地端的裝置。

4.4 本章總結

本章介紹了將機器學習嵌入資訊系統的設計以及歷程資料的設計。

從整批學習所得的模型呼叫預測結果的模式共有四種：

- 在批次處理的模式下，以網路應用程式直接算出學習 + 預測的結果（在即時處理的模式下預測）
- 在批次處理的模式下，透過 DB 使用學習 + 預測的結果（在批次處理的模式下預測）
- 在批次處理的模式下，透過 API 使用學習 + 預測的結果（在即時處理的模式下預測）
- 在即時處理的模式下逐次學習

依照歷程資料設計製作特徵值與訓練資料是非常重要的一環，在思考這些部分時，請盡可能設計成不需要從頭來過的方式。

## 第五章

收集學習所需的資源

為了預判商場的變化，通常會使用非監督式學習，而為了提升分類或迴歸這類監督式學習或推薦系統的性能，就需要取得帶有標籤的資料、文集或是字典這類優質的資源。本章要說明的是收集執行監督式學習所需的學習資源的方法。

在正式環境下使用的機器學習訓練資料通常會因為公開的資料集不適用於自己設定的問題而不足夠，所以本章要帶大家了解如何製作重要的訓練資料。

5.1 取得學習所需的資源的方法

訓練資料固然是監督式學習不可或缺的資料，但是訓練資料到底包含哪些內容呢？其實主要分成下列兩種：

- 輸入資料：從存取歷程資料篩出的特徵值
- 輸出資料：分類標籤與預測值

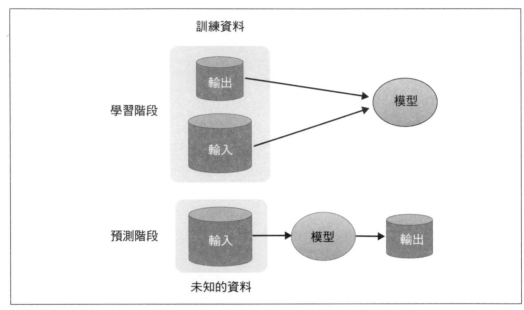

圖 5-1 機器學習（監督式學習）的概要（舊圖）

前一章已經說明過特徵值的篩選，但通常會在判斷之後，在啟發式運算法追加新的特徵值。輸出的標籤或值可利用下列的方法賦予。

- 在服務建立取得歷程資料的機制，再從歷程資料篩選（完全自動）
- 人工瀏覽內容再賦予（以人工進行）
- 機械性地賦予資訊，再以人工確認（自動＋人工）

本章從該誰製作訓練資料的觀點說明：

1. 使用公開的資料集或模型製作訓練資料
2. 開發者自行建立訓練資料
3. 請同事或朋友輸入資料，藉此建立訓練資料
4. 透過群眾外包的方式建立訓練資料
5. 在服務建立由使用者輸入的機制

5.2 使用公開的資料集或模型製作訓練資料

這是使用已開發的模型以及透過競賽資料集學習基準，再沿用該基準的收集方式。本章將說明這類資源的收集方式。

最有名的方法有 UCI Machine Learning Repository[1] 或是機器學習比稿網站 Kaggle[2] 各種競賽以及一般人共用的資料集。在圖像辨識的世界裡，也有辨識一般物體使用的 ImageNet[3] 與其他公開附有標籤的圖片的地方。此外，雖然不是直接可用的訓練資料，不過深層學習專用的程式庫 Caffe 則有分享已開發模型的 Model Zoo[4]。TensorFlow 也同樣提供了辨識物體的 API，其中也包含辨識一般物體的學習模型 [5]。

最常使用的日文純文字資料是 Wikipedia 的資料庫轉存檔案以及付費使用的新聞文集。使用的方法之一是將 Wikipedia 當成形態素剖析的辭典資源使用的 Hacka Doll[6]。

不過，本節介紹的方法有幾項需要注意的事項：

- 模型與資料集是否開放商用？
- 開發完成的模型或資料集能否於自己的定義域（自行經營的系統服務）使用？

就第一個問題而言，附有標籤的資料通常是大學使用科學研究預算製作的，所以常常只限於研究目的使用，而這類資源的使用規範通常不像軟體的 OSS 使用規範那麼制式，因此，就算是在網頁公開的資源，有時還是得事先聯絡才可以商用。請務必確認模型或資料集能否商用。此外，利用資源建立模型後，有時會受到原始資源的限制而無法重新發表模型。儘管不會重新發表模型，還是最好明確地掌握參考來源。

---

1 http://archive.ics.uci.edu/ml/
2 https://www.kaggle.com/
3 http://www.image-net.org/
4 https://github.com/BVLC/caffe/wiki/Model-Zoo
5 https://research.googleblog.com/2017/06/supercharge-your-computer-vision-models.html
6 http://www.slideshare.net/mosa_siru/ss-40136577

就第二個問題而言，當發佈資料的定義域與實際使用的定義域不同時，通常得花點工夫讓資料或模型符合自己使用的定義域。本書雖未能詳細介紹，有興趣的讀者不妨參考**半監督式學習**（Semi-Supervised Learning）或**遷移學習**（Transfer Learning）[transfer]。尤其是圖像的物體辨識作業，更是可使用遷移學習，在現有的學習模式追加圖像的正確解答資料集，以較少的追加成本得到辨識圖像的模型。這個遷移學習的方法也可製作美國影集《矽谷群瞎傳》裡的熱狗辨識器[7]。

由於現有的資料集只能解決部分的問題，所以接著要介紹自行建立資料集的方法。

5.3 開發者自行建立訓練資料

當現有的資源不可靠的時候，開發者可自行製作訓練資料。將何種資料當成特徵值使用，通常會直接影響模型的性能，所以自行製作訓練資料當然是非常重要的一環。

一開始要先思考的是，問題該以分類的方式處理，還是該以迴歸的方式處理。

讓我們以預測社群書籤服務分類的這個問題為例，思考如何自製訓練資料[8]。社群書籤是透過網路分享「我的最愛」的服務，為了方便整理社群書籤，都會自動賦予分類。

第一步先決定「政治」、「演藝圈」、「科技」、「生活」這些分類。這個問題是預測固定數量的分類，所以屬於分類問題。

試著每個分類都先收集 1000 筆內容，再以人工分類。說是「收集」其實方法有很多種，例如已有內容的情況，就可將含有特定關鍵字的內容納為正確解答資料。讓我們以這樣的標準將每筆內容分類到正確的分類吧。這就是製作開發資料的第一步。

此外，「1000 筆內容」充其量是參考標準，實際上，也有少於這個數字就能解決的問題，但是一個分類能有這樣的資料量，在一開始已經算是非常足夠。

7　https://hackernoon.com/ef03260747f3

8　https://zh.wikipedia.org/wiki/ 社交書籤

機器學習能解決的問題，大概都是人類看了就懂的問題。讓我們一邊製作訓練資料，一邊仔細觀察人類都使用哪些資料分類內容。

仔細觀察資料之後，應該會發現有些曖昧不明的資料才對。假設有「偶像參加政治人物的造勢晚會」這種新聞報導時，這個內容應該可分類為「演藝圈」與「政治」，而此時就必須思考這個分類問題是要以排他性的方式分類，還是允許單一內容可在多個分類同時出現，之後採用的演算法或預測的方法也會因此而改變。請在此時思考要繼續使用觀察資料之前就決定的分類，還是要重新定義分類，再繼續分類資料。

一邊觀察資料，一邊人工分類之後，應該就會了解「新聞標題裡的單字似乎是分類所需的資料」這類重要資訊。若是特徵值包含這類「似乎必要」的資料，應該就能改善模型的性能。

像這樣一邊思考，一邊替所有的資料建立分類時，應該可建立出別人也聽得懂的分類定義。不知道該如何分類的內容，則可先留下判斷基準或實際的例子。與寫程式碼的時候一樣，把一個月之後的自己當成別人，整理出能以文字說明清楚的基準。

這個方法很適合作為建立訓練資料的第一步，但是當分類的資料越來越多，就會立刻遇到問題，而且單憑一個人分類，往往會產生偏差，也會與使用者的感覺產生落差。

為了解決上述的問題，讓我們想想多人一同建立資料的方法吧。

5.4 請同事或朋友輸入資料，藉此建立訓練資料

收集大量資料的方法有很多，其中最方便的就是請同事或朋友幫忙收集，當然也可以外包給廠商收集，不過不花預算的方法還是比較適合在一開始的時候使用。

最簡單的方法之一就是在表單列出目標資料，再請人幫忙設定標籤的方法。如果手邊有 Google 表單這類能利用瀏覽器分享的應用程式，就能輕鬆地收集資料，也不會產生重複的作業，是非常適合收集資料的第一步。

當然，若能製作貼標籤的工具，再請人幫忙輸入資料是最理想的，因為這樣就不會出現重複的作業，也不用擔心作業人員之間彼此干擾的問題。其實圖像的範圍選取這類無法單以表單完成的問題一開始都得先製作註解工具或是使用現有的專屬工具解決。

若請多名人員輸入資料，一開始要盡可能以文字說明資料內容，也得清楚地說明作業內容與判斷基準，這是因為一個人作業時，只需要自己知道標準，多人作業時，通常標準就會變得不一致。尤其在處理分類問題，應該盡可能將分類標準寫成白紙黑字，才能得到高品質的資料。

在多名人員共同作業的情況下，能否對同一筆資料貼上正確的標籤是非常重要的一點。即使為了正確解答標籤建立了統一的基準，每個人的判斷也不盡相同，一如「透過察言觀色的方式判斷人類的喜怒哀樂」本來就是人類也難以判斷的課題。在多名人員共同作業時，掌握所有作業人員對於正確解答資料有多少共識也是非常重要的。只要觀察作業人員之間的共識，就能了解課題的難易度。假設共識不足五成，那麼就算使用這些輸入的資料，恐怕也無法透過機器學習解決這個問題。此外，也可以使用 **K係數（一致性係數）** 這個考慮偶然一致性的標準，判斷課題的難易度。

在多名人員共同作業時，必須避免作業人員看到其他作業人員的正確解答資料，否則就有可能會產生偏見，得到失衡的模型。

5.5 透過群眾外包的方式建立訓練資料

收集資料的方法之一還有**群眾外包（CrowdSourcing）**這個方法。在日本提到群眾外包，大概有許多人會想到前不久 Lancers[9]、Crowd Work[10] 這類比稿型群眾外包。除了比稿型，群眾外包還有 Amazon Mechanical Turk[11] 或 Yahoo! CrowdSourcing[12]、CROWD[13]

9　http://www.lancers.jp/
10　http://crowdworks.jp/
11　https://www.mturk.com/mturk/welcome
12　http://crowdsourcing.yahoo.co.jp/
13　http://www.realworld.jp/crowd/

這類微任務類型，可在短時間內完成資料輸入。微任務類型的特徵在於能請來許多一般民眾一起輸入資料，這點與比稿型的群眾外包可說是天壤之別。

微任務類型的群眾外包特別適用於製作機器學習的訓練資料，全世界也有許多群眾外包與機器學習的研究。再者，有越來越多企業透過群眾外包的方式製作訓練資料。

利用群眾外包製作資料的優點如下：

- 比聘雇專家更快完成作業，要價也相對便宜
- 可快速完成作業，所以反覆嘗試的機會也增加
- 作業成本較低，所以可拜託許多人相同的任務，做出更具信度的資料

如果是資料需求量不高，難易度又適中的問題，有時只需一兩個小時就能完成。而在獲得優質資料這點，能反覆嘗試與收集資料是群眾外包最大的魅力。

相對的，在使用群眾外包之際，有下列幾項需要注意的事項：

- 需要作業人員在短時間內輸入資料，所以設計適當的任務內容很困難
- 若是需要高度專業的作業，就必須細細拆解每個步驟
- 為了維持作業結果的品質，必須在使用作業結果時多費心思

尤其要維持作業結果的品質時，需要進行局部的反覆嘗試與失敗，也需要相關的背景知識。請多名人員執行相同任務，再採用多數決的結果，藉此加強可信度的任務設計或是事前請作業人員處理練習問題，抑或透過問卷篩出適當的作業人員，才能得到品質有保證的大量資料。

再者，不可能驗證所有的資料，所以必須預先思考評估資料品質的方法。以分類資料而言，「對每個分類進行取樣，確認資料是否都屬於該分類」也是常見的驗證方法。

5.6　在服務建立由使用者輸入的機制

訓練資料不一定非得自己收集，有時可以請服務的使用者提供正確解答資料。廣義而言，這種方法也屬於群眾外包的一種，但是在推展自家服務時，請了解自家服務的使用者幫忙，也是這種方法的一大魅力。

適合 BtoC 服務的方法之一就是在服務裡嵌入收集資料的機制，例如利用簡單的問卷請使用者替內容貼上標籤，或是請使用者提出新分類，抑或請使用者指出不適當的搜尋結果或推薦結果。使用這種方法的前提是具有一定規模的使用者人數，不過若能設計獎勵使用者的機制，得到的資料就能當成正確解答資料使用。採用這種方法的實例之一就是判斷使用者是否為人類，而請使用者判斷圖像裡的文字的 reCAPTCHA[14]。此外，Amazon 很早就設置了讓使用者回饋搜尋結果的表單，也非常積極地使用來自使用者的回饋。

只要建立這種機制，就算新增內容，也能持續增加正確解答，進而創造方便追蹤變化的附加價值。

5.7　本章總結

本章說明了收集監督式學習所需的學習資料的方法，具體來說，包含透過公開的資料集或模型收集資料、由開發者自行製作資料，請同事或朋友輸入或是透過群眾外包的方式收集資料，抑或直接在服務請使用者輸入資料的方法，總共說明了五種方法。

收集足量的優質資料是機器學習的一大重點，請大家依照專案的性質，選用適當的方法收集資料吧。

14　https://ja.wikipedia.org/wiki/ReCAPTCHA

## 第六章

效果驗證

「新功能公開後,業績較上週成長 20%,專案算是相當成功!」這句話成立嗎?本章的主題就是效果驗證。真的達到需要的效果了嗎?效果有多少?效果驗證就是驗證假設的總結。本章要將焦點放在作為效果驗證基礎的統計檢定、因果效果推論以及驗證手法的 A/B 測試。

6.1 效果驗證的概要

效果驗證就是利用某種策略推測產生的效果,換言之,就是釐清「Y 現象之所以發生,是受到 X 因素多少影響」的行為。例如驗證「每顯示 1000 次廣告的收益會因為新功能增加多少」這個廣告發送服務的效果。只有在驗證效果之後,才能判斷發表的功能是否繼續使用還是下架。這裡所說的驗證指的是「利用某種計測值判斷」的意思,但是該使用什麼值或指標,則不在效果驗證階段決定。要成功驗證效果,除了了解驗證手法,也得了解專案的推動方式。本章介紹的手法不僅在機器學習的資訊系統使用,也常在網站設計的選擇以及社會實驗的評估或是其他領域使用。

6.1.1 截至效果驗證之前的流程

在介紹效果驗證的手法之前,讓我們複習一下,是怎麼走到效果驗證這個階段的。

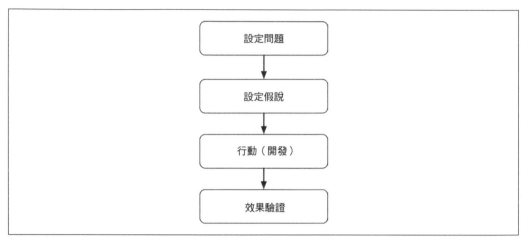

圖 6-1　截至效果驗證之前的流程

在開發之前就決定開發目的是理所當然的事，而在設定假說的階段就決定驗證所需的指標也是非常重要的一環。若是設定了不可能測得的指標，就無法驗證效果。在沒有測量機制的時候，應該先開發測量機制。接下來以社群網站服務以及廣告發送系統為例進行說明。

表 6-1　社群網站服務

階段	內容
設定問題	提升使用者的活躍率
設定假説	推薦使用者適當的內容，拉長使用者的平均停留時間
行動	開發內容的推薦系統
效果驗證	平均停留時間是否增長

表 6-2　網路廣告發送系統

階段	內容
設定問題	提升營業利益率
設定假説	提升廣告點擊的預測精確度，降低廣告競標成本
行動	開發廣告點擊率預測器以及使用預測值開發競標邏輯
效果驗證	平均轉換率的成本是否下滑

6.1.2 難以離線驗證的效果

一如第 3 章的說明，離線也可驗證機器學習模型的性能，那麼有哪些效果是難以離線
驗證的呢？

經濟效果

比起每種預測器的性能，必須對毛利或業績這類數值負責任的人對於「利潤可以增加
多少」這點更有興趣（圖 6-2）。如果是業務部門的資料分析小組，更是必須說明預測
器對於利益的貢獻。如果已經解決進貨成本最小化這類與資金流向直接相關的問題，
那麼當然可預測最終的利潤，但是除了預測器的性能之外，使用者人數以及宣傳效果
這類變因也會影響利潤的增減。C. A. Gomez-Uribe 等人認為 Netflix 的推薦系統成功
降低了用戶解約率，也創造了 10 億美元／年的商業價值 [Netflix_16]。這就是難以在
離線驗證模式下，從推薦的精確度導出的值。

圖 6-2 想得知的不是這些

透過歷程資料驗證的副作用

這是運作中的機器學習模型影響其他訓練資料的例子。例如推薦系統將使用者的行動
歷程資料當成訓練資料時，使用者行動歷程資料卻受到推薦系統的影響而出現了偏

頗。要使用帶有偏頗的資料實驗，必須撰寫高成本的模擬器，而且以相同歷程資料為訓練資料的預測器也會受到影響（**圖 6-3**）。

因為歷程資料而造成廣泛影響這點被視為是機器學習裡的一種技術負債 [Sculley_15]。

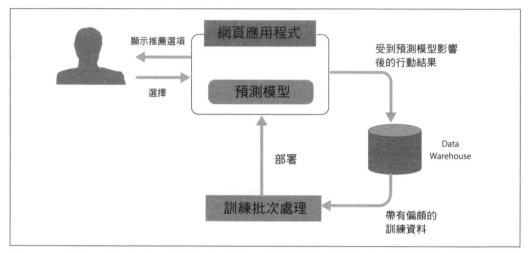

圖 6-3　歷程資料造成的汙染

6.2　假設檢定的框架

假設檢定（Hypothesis Testing）是效果驗證的基礎，也是利用樣本（Sample）確認母體是否具有顯著差異的手法。一開始先介紹兩種基本範例。此外，本章不會說明大數法則或中央極限定理這類統計基礎知識，欲知詳情，請參考東京大學出版會出版的《自然科學的統計學》**[自然科學的統計學]**。

6.2.1　硬幣是否扭曲？

接著以實例說明。假設擲硬幣遊戲出現正面 15 次、反面 5 次的紀錄。此時可能會覺得正面是不是出現太多次，但是該怎麼驗證呢？如果是毫無扭曲的硬幣，正反面的機率應該是一半一半才對。讓我們看看在機率為 50% 時，出現 20 次正面的機率分佈。這是二項分佈 Bin(20, 0.5) 的分佈，利用下列的程式碼就能看到機率分佈的形狀。可以發現剛好是實驗次數一半的正面十次的機率最高 (圖 6-4)。

```python
import numpy as np
import matplotlib.pyplot as plt
import scipy.stats

x = np.arange(0, 21)
y = scipy.stats.binom.pmf(x, 20, 0.5)
plt.figure(figsize=(8, 2))
plt.bar(x, y)
plt.xlabel(' 出現正面的次數 ')
plt.ylabel(' 機率 ')
```

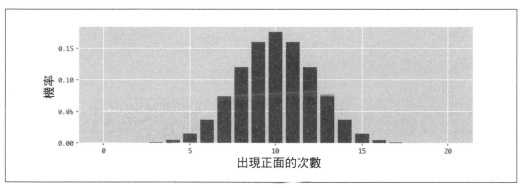

圖 6-4 在出現正面的機率為 50% 的時候，擲 20 次硬幣，出現正面的機率分佈

此外，若將注意力放在分佈的邊緣，可以發現出現 15 次正面的機率 p[出現正面的次數 >=15] 只有 2%（ 圖 6-4）。

```python
import pandas as pd
p_value = pd.DataFrame({' 出現正面的次數 ':x, ' 機率 ': y}).query(
    ' 出現正面的次數 >= 15'
)[' 機率 '].sum()
print(p_value)

0.020694732666
```

如果硬幣一切正常，那麼這算是罕見的結果，所以就檢定的邏輯而言，可做出「硬幣有被加工過」的結論。

在這次範例的檢定裡，出現正面的機率為 50% 的假設稱為**虛無假設**（Null Hypothesis），反對出現正面的機率為 50% 的假設為**對立假設**（Alternative Hypothesis），虛無假設為真時的機率稱為 **p 值**（p-value）。p 值的臨界值也就是判斷「發生比 5% 還低的現象時，就該拒絕虛無假設」這類情況的值稱為**顯著水準**（Significant Level）。**樣本**是最近一次的投擲結果，**樣本大小**為 20，**母體**則是從過去到未來的所有投擲。假設顯著水準為 0.05，就拒絕虛無假設。如果顯著水準為 0.01，就不拒絕虛無假設。

樣本大小又稱**取樣大小**。樣本大小與樣本數常被搞混，但在上述的擲硬幣範例裡，樣本數為 1。

6.2.2　雙母體比例差的檢定

假設你經營了一個電子商務網站，為了招攬客人希望推出廣告。請兩家廣告發送服務同時製作廣告，並在推出廣告的一週後，比較了從這兩家廣告發送服務流入的使用者行動。這麼做的原因是為了找出哪家的服務能提高使用者繼續使用自家服務的機率，然後停用另一家的服務[1]（**圖** 6-5）。資料請參考**表** 6-3。

1　意即獲得每一位使用者的平均成本。

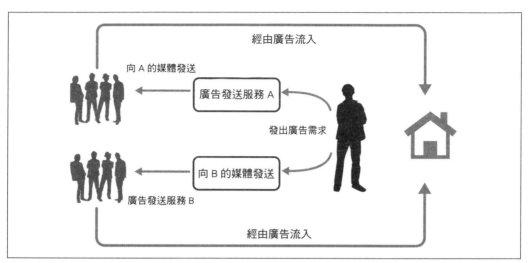

圖 6-5 雙方的使用者在品質上有落差嗎？

表 6-3 經由不同通路流入的使用者是否繼續使用服務的資料

流入通路	流入人數	持續使用人數	持續使用率
A	205	40	19.5%
B	290	62	21.4%

接著試著具體呈現持續使用率的分佈。由於樣本大小有一定的規模，所以執行二項分佈的常態近似計算。

```
# 測試資料。持續使用人數，放棄使用人數
a = [40, 165]
b = [62, 228]

print('Sample A: size={}, converted={}, mean={:.3f}'.format(sum(a), a[0],
a[0]/sum(a)))
print('Sample B: size={}, converted={}, mean={:.3f}'.format(sum(b), b[0],
b[0]/sum(b)))

Sample A: size=205, converted=40, mean=0.195
Sample B: size=290, converted=62, mean=0.214
```

```
x = np.linspace(0, 1, 200)

# 流入通路為 A 的樣本
n = sum(a)
p = a[0]/n
std = np.sqrt(p*(1-p)/n)
y_a = scipy.stats.norm.pdf(x, p, std)

# 流入通路為 B 的樣本
n = sum(b)
p = b[0]/n
std = np.sqrt(p*(1-p)/n)
y_b = scipy.stats.norm.pdf(x, p, std)

plt.figure(figsize=(7, 2))
plt.plot(x, y_a, label='Sample A')
plt.plot(x, y_b, label='Sample B')
plt.legend(loc='best')
plt.xlabel(' 新使用者的持續使用率 ')
plt.ylabel(' 似然度 ')
```

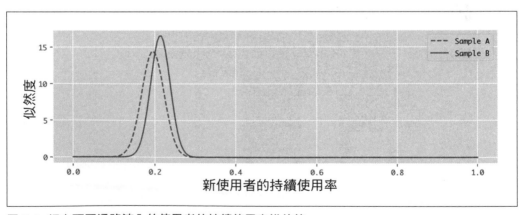

圖 6-6　經由不同通路流入的使用者的持續使用率推估值

看起來 B 通路比較好，但無法判斷是否有誤差（**圖 6-6**）。

這次再試著套用假設檢定的框架。虛無假設為「A 母體與 B 母體的持續使用率相等」，對立假設為「A 母體與 B 母體的持續使用率有落差」，顯著水準為 0.05。樣本是截至目前為止流入的使用者，母體是包含未來流入的使用者群。與前述硬幣範例不同的是，這次無利用卡方檢定進矩陣聯表的獨立性檢定（**表 6-4**）。

表 6-4　檢定使用的列聯表

流入通路	持續使用人數	放棄使用人數
A	40	165
B	62	228

```
# 卡方檢定
_, p_value, _, _ = scipy.stats.chi2_contingency([a, b])
print(p_value)

0.694254736449
```

p 值為 0.69，代表無法拒絕虛無假設，不過此時也不能斷言虛無假設是正確的。從信賴區間的寬度幾乎重疊這點就是無法斷言兩者之間有落差的原因。

能得到 p 值這個明確的判斷標準是假設檢定的優點。利用程式進行多種檢定，機械性地篩出顯著水準的假設是有可能實現的做法。

這次的範例雖然假設兩種廣告發送服務的使用者是各自獨立的，但是，使用者若非各自獨立，兩種廣告發送服務就可能會互相影響。網路廣告，尤其是定向廣告，不同的廣告發送服務會買斷同一廣告場所的廣告權利。若在此時比較廣告發送服務的成本，成本會因為廣告權利的競標而上漲，也就無法得知單獨使用一種廣告發送服務時的成本。

6.2.3 偽陽性與偽陰性

剛剛透過兩個例子說明 p 值低於事先訂立的顯著水準時，就拒絕虛無假設的假設檢定框架。不過，**一旦發生罕見的現象就決定拒絕虛無假設**的話，即使虛無假設為真，也有可能因為顯著水準的機率而被不小心拒絕。例如，以顯著水準 5% 進行檢定時，即使兩個母體之間沒有差異，也有可能因為是 5% 的機率而誤判為有落差。這種錯誤的結果稱為**偽陽性**（False Positive）。反之，明明有顯著差異，卻不拒絕虛無假設的情況稱為**偽陰性**（False Negative）[2]。偶爾會聽到診斷時呈陽性，經過精密檢查後卻是無任何異常的事情，這就是所謂的偽陽性，如果未檢查出該檢查的疾病則是偽陰性。

相關的內容，例如分類器的性能評估已在第 3 章說明過，但是假設檢定是利用**檢定力**（Power）評估檢定結果。檢定力可利用下列的值表示。

1- 有顯著差異卻判斷為無顯示差異的機率（公式 1）

這個值可代表正確檢測出顯著差異的能力。

6.3 假設檢定的注意事項

假設檢定已多次成為批判的對象。2017 年 7 月也發表了 p 值的臨界值應從 0.05 降至 0.005 的聲明。之所以會有這樣的調整，是因為利用 p 值的研究很難複製 [Benjamin_17]。若是誤用假設檢定，會使偽陽性的機率提升，只憑 p 值判斷，會誤判本質。接下來為大家介紹一些常見的檢定誤用模式。

2　偽陽性稱為第一類錯誤 (Type I Error) 或 α 錯誤 (α Error)，偽陰性則稱為第二類錯誤 (Type II Error) 或 β 錯誤 (β Error)。

6.3.1 容易重複檢定

假設檢定的注意事項之一就是使用固定的檢定樣本。就算沒出現顯著差異，換了樣本再重新檢定，得到的顯著差異也不具任何意義。以前述的擲硬幣為例，在出現正面的機率為 50%，也就是虛無假設為真的情況下，每擲一次就檢定一次，會得到什麼結果？

```python
mu = 0.5 # 出現正面的機率為 50%
init_sample = list(scipy.stats.bernoulli.rvs(mu, size=20))

sample = init_sample
p_value_history = []
for i in range(200):
    # 使用最近 20 次的結果檢定
    _, p_value = scipy.stats.ttest_1samp(sample[-20:], 0.5)
    p_value_history.append(p_value)
    # 重新投擲硬幣並儲存結果
    sample.append(scipy.stats.bernoulli.rvs(mu))

plt.figure(figsize=(10, 4))
plt.plot(p_value_history)
plt.xlabel('Test Epoch')
plt.ylabel('p 值 ')
```

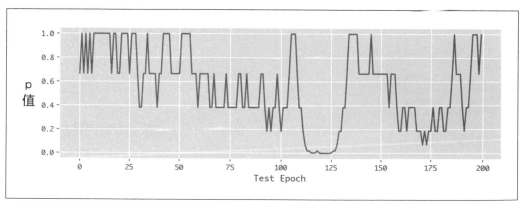

圖 6-7 每投擲硬幣一次就檢定一次的 p 值趨勢

可以發現，在 120 次附近的 p 值低於 0.05（**圖 6-7**）。由於出現正面的機率為 50%，所以這只是偶發的現象。只要反覆進行檢定，總是會出現顯著差異的結果。為了得到理想結果而反覆檢定，會使偽陽性的機率上升這點，是檢定時一定要留意的部分。不過，在網頁服務實施 A/B 測試時的狀況跟這個狀況很接近，很容易在持續監控 p 值時，一得到顯著差異的結果就停止測試。在新的觀測資料陸續進來的狀況下，如何才能得知結果是否為偽陽性的方法，將在 A/B 測試的章節解說。

6.3.2 顯著差異與業務影響

接下來要帶大家了解在平均有落差的檢定裡，樣本大小會如何改變結果。先比較平均值有 0.1% 落差的兩群母體。

```python
max_sample = 3000000
# 樣本 A 平均 :45.1%
a = scipy.stats.bernoulli.rvs(0.451, size=max_sample)
# 樣本 B 平均 :45.2%
b = scipy.stats.bernoulli.rvs(0.452, size=max_sample)
p_values = []
# 每次讓樣本大小增加 5000 再進行檢定
sample_sizes = np.arange(1000, max_sample, 5000)
for sample_size in sample_sizes:
    _, p_value = scipy.stats.ttest_ind(a[:sample_size], b[:sample_size],
equal_var=False)
    p_values.append(p_value)

plt.figure(figsize=(10, 3))
plt.plot(sample_sizes, p_values)
plt.xlabel(' 樣本大小 ')
plt.ylabel('p 值 ')
```

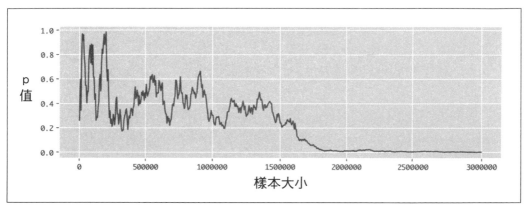

圖 6-8 樣本大小增加之後的 p 值變化

可以發現樣本大小超過 170 萬之後，p 值就趨近於零，也具有顯著差異（**圖 6-8**）。這是因為代表推測量的不規則性的標準差會隨著樣本大小增加而變小。如果放大樣本大小，小小的落差也會形成顯著差異。在經營網路服務時，幾百萬的樣本不算太大的數字，而重點在於有顯著差異不代表就對業務會有影響。0.1% 的差異是否具有重大的意義，端看服務的規模與內容。本章除了以顯著差異判斷留用功能或下架功能的例子，後半段也將重點放在要介紹的效果量。

 若想早點看出母體平均的差異，可繪製信賴區間的盒鬚圖 [3]。

```
from statsmodels.stats.proportion import proportion_confint

# 使用 Wilson Score Interval 計算 95% 信賴區間
a_lower, a_upper = proportion_confint(sum(a), len(a), alpha=0.05,
method='wilson')
b_lower, b_upper = proportion_confint(sum(b), len(b), alpha=0.05,
```

3 計算伯努利分佈的信賴區間有很多種方法，範例程式使用的是 Wilson Score Interval 方法。這種方法的特徵在於平均接近零的時候，也能算出正確的值。

```
    method='wilson')

    plt.plot(1, np.mean(a), 'ro')
    plt.plot(2, np.mean(b), 'bo')
    plt.plot([1, 1], [a_lower, a_upper], 'r-')
    plt.plot([2, 2], [b_lower, b_upper], 'b-')
    plt.ylim(0.448, 0.454)
    plt.xlim(0, 3)
    plt.xticks([1, 2], ['A','B'], fontsize=20)
    plt.xlabel(' 樣本 ')
    plt.ylabel(' 母體平均 ')
```

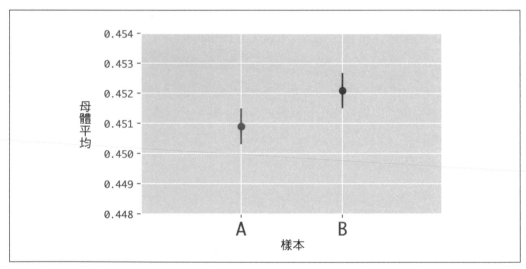

圖 6-9　這是 95% 信賴區間的盒鬚圖。從信賴區間分離也可看出兩者的差距，但是差距僅有 0.001 而已

6.3.3　同時進行多種檢定

與重複檢定類似的多種假設檢定之中，有一種檢定稱為**多重檢定**（Multiple Testing）。舉例來說，想從 M 個說明變數候補 $X \in X_0, X_1, \cdots\cdots X_M$ 篩選出與目標變數呈顯著差異的變數時，需要進行 M 次的獨立檢定（若能拒絕 X_i 與目標變數互相獨立的

虛無假設，就能證明兩者之間的關聯性呈顯著差異）。若是以顯著水準 α 檢定 M 個假設，哪怕只有一個錯誤，拒絕虛無假設的機率為 $1-(1-\alpha)^M$。在 $\alpha = 0.05$ 的設定下增加 M 之後，可以發現圖中的 M=80 時，機率幾乎是 100%，由此可以得知，多重檢定會使偽陽性明顯上升（**圖 6-10**）。為此，發明了各種方法來抑制多重檢定造成的偽陽性。

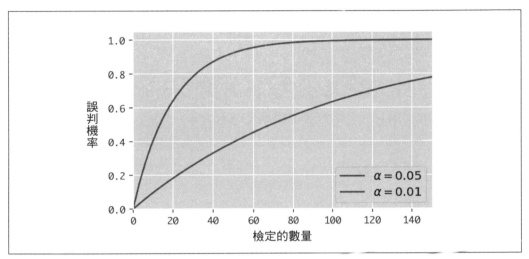

圖 6-10　誤判的機率

要抑制多重檢定造成的偽陽性有兩種方法，一種是**控制誤判的機率**（Family Wise Error Rate, FWER），一種是**控制誤判斷的比例**（False Discovery Rate, FDR），前者最單純的方法是 Bonferroni 法，可將顯著水準從 α 變更為 α/M。不過在控制 FWER 的部分，檢定力明顯下滑。若是需要檢定力的情況，控制 FDR 的手法會比較實用。有關多重檢定可參考文獻 [**瀨々 15**]，裡頭有詳盡的說明。

 與「6.2.2　雙母體比例差的檢定」例題相關的還有在統計學教科書登場的「若是經過獨立樣本檢定後，確定雙樣本各自獨立，雙樣本的平均差可利用學生 t 檢定計算，若未各自獨立，則可使用 Welch 的 t 檢定計算」。有意見認為，這種問題等於是多重檢定，所以應該以未各自獨立為計算前提。

6.4 因果效果的推測

假設檢定是從樣本推測母體性質的手法，接下來則是要推測對母體的效果。為了解決「Y 現象之所以發生，是受到 X 因素多少影響」這個問題，讓我們一起看看因果推論裡的因果效果。

6.4.1 Rubin 的因果模型

接下來讓我們思考網路廣告的效果。在因果推論裡，將顯示廣告這項行為稱為**介入（Cause）**，並將購買行為稱為**結果變數（Outcome）**，同時將介入的樣本稱為**處理組**或**實驗組（Treatment Group）**，將未介入的樣本稱為**對象組**或**控制組（Control Group）**。

廣告效果可根據看了廣告與沒看廣告時，有無產生購買行動來推斷。不過，以個人為實驗對象時，可觀察的結果變數只限於是否顯示廣告。若假設接觸廣告的 A 先生未接觸廣告，就是一種**反事實（Counter Factual）**的推測，此時就無法觀測（**圖 6-11**）。

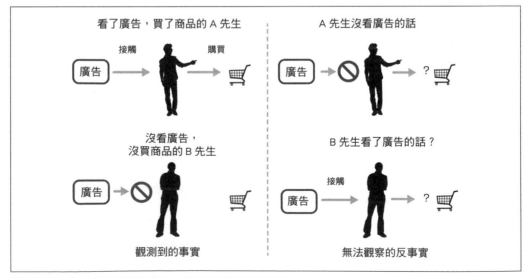

圖 6-11 以個人為觀測單位時，只能預測單側的情況

雖然在 Rubin 的因果模型無法觀測，但是仍有許多潛在的結果變數可研究，而這些變數就稱為潛在結果變數。

有無購買的結果變數若為 $Y \in 0,1$，介入與未介入時的結果分別設定為 Y_1, Y_0，再將觀測結果製成表格，就會是下列的結果。

表 6-5　觀測結果，連字符號的部分代表缺失值

使用者	有無介入	Y_0	Y_1
1	1	-	1
2	1	-	0
3	1	-	1
4	1	-	0
5	1	-	1
6	0	1	-
7	0	0	-
8	0	0	-
…			
n	0	0	-

在個人單位的觀測下，無法測得 $Y_1 - Y_0$ 的結果。不過，我們想知道的不是對樣本造成的效果，而是對母體造成的效果，而對母體造成的效果就是個人購買結果的差的期望值 $E(Y_1 - Y_0)$，而這個期望值稱為**平均處理效果**（Average Treatment Effect, ATE）。

$$ATE = E(Y_1 - Y_0) = E(Y_1) - E(Y_0) \quad （公式 2）$$

接下來就介紹如何求得這個平均處理效果。

6.4.2 選樣偏差

若想求得平均處理效果，好像只要算出「實驗組的結果變數的平均」與「控制組的結果變數的平均」的差。由於只使用觀測所得的值，所以很容易就可以算出來，但是這個差為

$$E(Y_1 \mid \text{有介入}) - E(Y_0 \mid \text{無介入}) \quad （公式 3）$$

有無介入與結果變數一旦有關聯性，這個公式就與**公式 2** 不一致。網路廣告通常會以常購買的使用者為實驗組，所以在一般的觀測結果裡，實驗組通常是購買意願較高的集團，實驗組與控制組之間也會有差距。這種現象稱為**選樣偏差**，除了網路廣告之外，也很常出現在各種資料裡[4]。

6.4.3 隨機對照試驗

剛剛提到**公式 2** 與**公式 3** 不一致的事情，但其實也有一致的情況，那就是當實驗組與控制組之間沒有落差的時候。創造這種情況再進行比較的手法稱為**隨機對照試驗**（ Randomized Controlled Trial, RCT ）。

透過隨機介入樣本，可在樣本分成性質相同的兩群之後，營造介入其中一群的狀態。社會實驗或臨床實驗都將 RCT 視為高成本的手法[5]，不過卻很適合用來檢測網路服務的效果，所以也是 A/B 測試的基礎手法。提供 RCT 廣告效果測量服務的有 Google 的品牌提升調查[6]與 Facebook 的品牌指標提升服務[7]。這是只對實驗組顯示廣告，再對實驗組與控制組實施問卷調查的服務。與瀏覽量或點擊數這類指標相較之下，品牌知名度的確是比較難以測量，但如果使用 RCT 就能正確地測量。

4　例如癌症篩檢的受檢者與非受檢者認為罹症風險高低不同這種，因為樣本本身的想法而產生的偏見稱為選樣偏差。

5　當患者送到急診後，若隨機選擇不治療，會產生醫療倫理問題。

6　https://www.google.co.jp/ads/experts/blog/brand-lift.html

7　https://www.facebook.com/business/help/1693381447650068

本章不打算過於深入地介紹因果推論，不過有興趣的讀者可參考 [**岩波資料科學 Vol3**] 的文獻。其中應該可以找到在不能使用 RCT 的情況，推論因果效果的內容或是其他有助於實務應用的文章。

6.4.4 難以與過去比較

接著思考網路服務的業績提升策略發表時，使用者平均業績的變化。

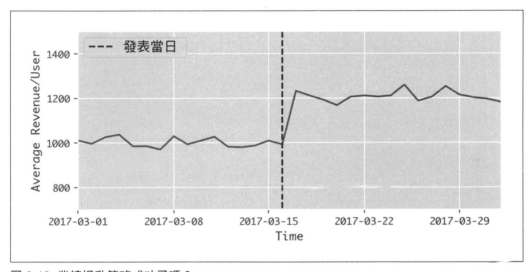

圖 6-12 業績提升策略成功了嗎？

開發者應該會希望在發表的時間點觀察非連續的變化（**圖 6-12**）。可是，就算在發表之際觀察非連續的變化，也不能斷言策略成功。筆者從事的是網路廣告業界，營業額／毛利的時序資料總是具有明顯的淡旺季效應，旺季也是廣告主消化預算的時間。此外，廣告主的廣告預算以及廣告代理媒體的狀況也會左右營業額的變化，所以每個時候都有非連續的變化。

要在這類狀況下比較過去的情況，藉此推斷因果效果是非常困難的，雖然可先建立時序模型，排除趨勢與淡旺季因素再與過去的情況比較，但是利用 RCT 比較相同期間的雙樣本比較簡單，也比較容易統整業績提升策略之外的因素（圖 6-13）。與未實施策略時的世界比較後，若出現落差，就能判斷業績提升策略有效果。

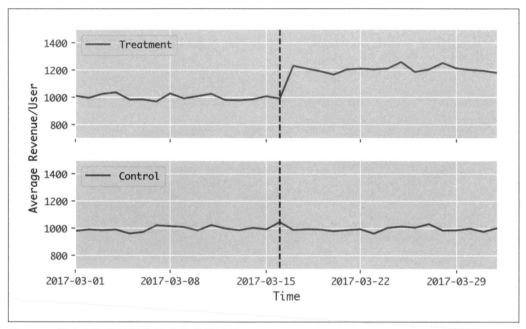

圖 6-13 與未實施業績提升策略的世界比較

就本章開頭提到的「新功能公開後，業績較上週成長 20%，專案算是相當成功！」而言，業績上升與業績提升策略之間的因果關係不明朗，所以無法斷言是策略奏效。第 9 章將介紹後續衍生的 Uplift Modeling 手法。

6.5 A/B 測試

前一節提到**利用 RCT 手法排除選樣偏差以及利用雙樣本比較時間造成的影響**，而接下來介紹的 **A/B 測試**則是在正式環境下，根據上述兩個條件進行的測試，也是很常用於驗證網路服務策略效果的方法。A/B 測試的流程如下：

1. 篩選雙樣本
2. A/A 測試
3. 介入單邊樣本
4. 確認結果
5. 完成測試

接著為大家解說幾個重點。

6.5.1 篩選雙樣本與樣本大小

假設檢定的章節說明了樣本大小與 p 值的關係，若想檢測較小的差異，就必須要非常多的樣本。樣本大小到底多大才適合，可參考 [**自然科學的統計學**] 這個文獻，而在 A/B 測試裡，也有非得事前決定樣本大小的情況，例如下面兩種就是這類情況。

表 6-6　樣本大小的差異

情況	驗證方法	樣本大小
A	將使用者分成兩群，介入後，驗證每人平均業績有無差異	在將使用者分成兩群的時候固定
B	以現有的設計比較新的使用者註冊畫面，驗證註冊率的差異。在新使用者造訪網站時，於一定的機率顯示新的註冊畫面	只要持續新增使用者，樣本大小就不斷擴大

情況 A 屬於樣本大小不足的情況，要重新測試就必須先預估樣本大小。

當樣本數變大，受測試影響的使用者人數也會增加。由於測試有可能會造成反效果，所以樣本太大也會是問題。如果另外將所有使用者均分成兩群再測試，就無法同時進行其他測試，所以從開發效率的觀點來看，局部篩選是比較有效率的。此外，在將樣本當成實驗組與控制組使用之前，樣本有可能已經受到前面測試的影響，所以必須在每次測試時都篩選樣本。

6.5.2 利用 A/A 測試確認同質性

RCT 為了避免選樣偏差而隨機篩選介入的樣本，而網路服務打算創造以使用者為單位的效果時，可隨機篩選使用者樣本，決定是否介入樣本。照理說，隨機篩選應該可篩選出兩群同質的樣本，而確認是否同質的就是 **A ／ A 測試**。在篩選出雙樣本後，過了一段時間，這兩群樣本沒有差異時，就介入單邊的樣本。如果能透過過去的資料確認樣本沒有差異的話，那麼就能立刻開始測試。

6.5.3 建立 A/B 測試的機制

要實施 A/B 測試時，必須服務支援 A/B 測試。不管要實施的是什麼策略，隨機篩選與是否介入的設定都是必要的，而使用機器學習實施時，特別需要注意訓練資料的分割。在「因為歷程資料產生的副作用」一節裡提到預測器對訓練資料造成的影響，但是以 A/B 測試比較多個預測器的時候，若是預測器透過訓練資料而彼此影響就無法如預期運作。當預測器會對訓練資料造成影響時，就必須分割訓練資料。

其他就是 Microsoft 的 A/B 測試團隊使用下列功能的注意事項 [Microsoft_17]。

- 早一步停止效果不佳的測試的警告訊息與自動停止機制
- 自動檢出測試之間互相影響的樣本

6.5.4 結束測試

能早點判斷測試結果是眾所期待的事，好的策略也能早一步適用於整體。此外，效果不佳的策略也該早點停止測試。A/B 測試常發生的問題就是無法決定何時該結束，導致最後測試不了了之。在測試期間設定停止測試的時間點，算是不錯的想法。陸續有新的觀測資料進來的測試很難設定結束測試的時間點，不過只要能測出母體平均不同，就能利用平均值時序圖的信賴區間重疊這件事判斷結束測試的時間點。假設信賴區間未重疊，代表樣本之間有差異，若是信賴區間貌似重疊，那麼就算有顯著差異，恐怕差異也不明顯，策略的效果也不彰，所以就能決定停止測試。

經營 A/B 測試平台的 Optimizely 提供了持續監控 p 值，早一步判斷結束 A/B 測試的方法 [David_17]。

6.6 本章總結

本章解說了確認母體差距的方法，也介紹了策略與結果之間的因果關係該如何釐清的方法，同時解說了 A/B 測試。與工廠抽樣檢查不同的是，網路服務的成本通常較低，所以可使用大量的樣本進行測試，而這也讓我們無法感受到以有限樣本預測母體性質的統計好處，但是這樣在免不了有副作用的 A/B 測試之中，可讓副作用的影響降至最低。

第二部分

第 7 ～ 9 章將介紹可實際動手學習的個案研究。目標是讓前面說明的內容與知識，成為讀者解決問題時的線索。

每一章都會包含第一部分介紹的內容，建議大家可以一邊回想前面的內容，一邊閱讀下去。

## 第七章

打造電影推薦系統

本章要學習的是，該如何利用電影的資料建立電影推薦系統。

7.1 劇本

為了建立電影推薦系統，這次要使用 MovieLens[1] 這個電影點評網站的資料，預測使用者評價的星數。

就電影推薦這個主題而言，最有名的事件就是 2006 年創立的 Netflix Prize 這個比賽。主要的比賽內容是利用電影點評的龐大資料，讓當時的推薦系統提升 10% 的精確度，就能得到比賽獎金。MovieLens 是 GroupLens 這所明尼蘇達大學研究所公開的學術資料，內容與 Netflix 非常相近。

這次會在學習推薦使用的演算法、資料的取得方式、評估尺度之後，預測某位使用者對於未欣賞過的電影的評估值。受限於這次使用的演算法，系統將把預測結果儲存在資料庫，再從網頁應用程式參照。

1　https://movielens.org/

7.1.1 何謂推薦系統？

讓我們思考一下推薦系統的功能有哪些。一如在 Amazon 這類網路商店顯示的「買了這項商品的人也買了這些商品」的訊息，應該有不少人會想到這類相關商品的推薦吧，也有可能會想到以五顆星作為評價機制，藉此推薦歌曲的音樂 APP。推薦系統的用途就是根據使用者的行動與購買資料，顯示使用者有可能會喜歡的相關商品。瀏覽超過一定規模的影音串流服務或是銷售大量商品的網路商店時，使用者很難單憑搜尋從大量的資訊找到需要的內容，透過推薦反而容易找到自己喜歡的內容[2]，尤其是遇到原本不知道卻很喜歡的內容時，絕對比只能找到清一色答案的主動搜尋來得更便利。另一方面，提供服務者若能提供優質推薦系統，就網路商店而言，可讓轉換率提升，若是影音串流服務，則可增加每日的活躍用戶。

下一節將一邊參考 [kamishima] 文獻，一邊整理推薦系統的特徵。這份文獻整理了推薦系統在學術方面的研究。

7.1.2 應用場景

[schafer] 文獻將電子商務推薦系統的應用場景依照經營目的整理成下列五種場景。這五種參照能作為創立服務之際的參考，所以本書也進一步介紹。

- 概要推薦（Broad Recommendation）
- 使用者評價（User Comments and Rating）
- 推播服務（Notification Service）
- 相關項目推薦（Item-associated Recommendation）
- 深度個人化（Deep Personalization）

---

2 線上影音串流服務 Netflix 曾說過「Everything is a Recommendation」，意思是沒有推薦，Netflix 的服務就不存在。上述內容請參考：https://medium.com/netflix-techblog/55838468f429

「概要推薦」屬於針對不特定對象進行粗略推薦的推薦方式,例如根據本週人氣商品的統計資訊推薦或是編輯精選商品的推薦,這種推薦方式對於剛開始使用系統的使用者或是偶爾才使用系統的使用者特別有效。

「使用者評價」則是讓使用者看到其他使用者給予的☆級評價、留言或是平均評估值這類統計資訊。雖然不是那麼強烈的推薦,卻能根據其他使用者的資訊給予使用者判斷的基準。其他使用者的推薦也是值得信賴的資訊,所以也能幫助使用者做出合理的選擇。

「推播服務」是以推播通知或郵件向使用者推薦可能感興趣的事,藉此促使使用者再度造訪網站的方法。今時今日,這種推播服務已是常態,但這也是推薦系統的一種用途。

「相關項目推薦」則是同時顯示首要商品與相關商品和資訊,讓使用者同時購買這兩項商品或是比較其他商品。這是 Amazon 這類網路商店最常見的推薦方式。

「深度個人化」則是列出人氣商品清單或編輯推薦清單,然後列出使用者可能會喜歡的商品,讓使用者有機會與找到自己喜歡的商品。此外,也有為使用者量身打造搜尋結果的方法。

7.2 進一步了解推薦系統

本節要介紹推薦系統特有的資料設計、資料取得方法以及演算法與評估尺度。

7.2.1 資料的設計與取得

可作為推薦系統的輸入資料分成非常多種:

- **偏好資料**(Preference Data)

- **搜尋佇列**（Query）
- **評論**（Critique）
- **項目特徵**（Item Feature）
- **人口統計式特徵**（Demographic Feature）
- **文本特徵**（Context Feature）

偏好資料指的是以使用者對於商品的「喜好」或是五段式評價代表使用者本身偏好的資料。搜尋佇列則是例如在搜尋餐廳時，「5000 元以下料理」的搜尋關鍵字，而評論則是指商品或店家的口碑。項目特徵是商品說明裡的單字，人口統計式特徵則是使用者本身的性別、年齡或其他相關資訊，文本特徵則是與商品有關的日期、定位資訊、庫存狀況。

建立推薦系統的難處在於資料**非常稀疏（Sparse）**，例如，每個人看過的電影都不同，所以就算收集熱門電影的評估資訊，也無法收集到冷門電影的資訊，當然也就很難推薦。此外，上市的電影遠比觀眾一輩子看過的電影還多，所以缺損的資料也會很多，這會導致資訊偏向部分的電影，評估值矩陣裡的大部分元素會是沒有評估資訊的矩陣。這裡說的評估值矩陣就是**表 7-1** 這類使用者 × 項目的評估表。

表 7-1 電影的評估值矩陣範例

	電影 A	電影 B	電影 C
使用者 1	5		2
使用者 2	4		1
使用者 3		4	5

此外，推薦系統的優點在於能直接將偏好資料這類評估資訊當成推薦的正確解答使用。由於大量收集正確解答資料是非常重要的一環，所以必須花工夫大量收集正確解答資料。為此，必須讓使用者更方便評價商品，或是花心思設計評價次數不太也沒關係的機制。以音樂的評估為例，聽一首歌大概只需要幾分鐘，所以同一位使用者評價

多首歌還算方便。在這種方便評價商品的情況下，要得到「喜歡」這類偏好資料是比較容易的。另一方面，結婚會場或住宅這類一輩子不會買幾次的商品就不容易評價，也很難大量取得相關的偏好資料，所以可能得另外補上結婚會場網頁瀏覽量這類指標，強化為數不多的偏好資料或評論。

取得偏好資料是建置推薦系統之際的重要步驟，所以讓我們進一步了解偏好資料吧。

7.2.2 顯性資料與隱性資料

取得偏好資料的方法大致分成兩種，第一種是直接詢問使用者的喜好與感興趣的內容，藉此收集**顯性資料（Explicit Data）**的方法，另一種則是將使用者購買或瀏覽的商品視為使用者對這項商品有興趣，藉此收集**隱性資料（Implicit Data）**的方法。**表7-2** 列出了這兩種方法的優缺點。

表 7-2　兩種取得偏好資料的方法各自的優缺點

種類	顯性	隱性
資料量	✕	○
資料的正確性	○	✕
未評價與不支持的區別	○	✕
使用者認知	○	✕

就資料量而言，隱性資料遠比顯性資料多很多，資料較多的一方可使用統計方法處理，也能提升預測模型的預測性能，而且大部分的使用者不喜歡填寫有關偏好的問卷，所以顯性資料相對難以收集。

另一方面則是資料的正確性。顯性資料是由使用者自行回答，所以通常很正確，但是若是將網頁的瀏覽資訊當成隱性資料使用時，其中可能包含不小心點到別的頁面，然後立刻切回原本頁面時，這類瀏覽資訊也會被當成正面的評價資訊。因此隱性資訊的正確性通常很低，為了確保品質，有時得先對資料進行事前處理，例如利用停留時間篩選剛剛提到的頁面瀏覽資訊。

再者，無法區分未評價與不支持的資料也是隱性資料的弱點，因為無法取得「討厭」這類負面的評價。例如，就算辨識看過的電影的正面評價，也無法區分使用者是未評估還是討厭沒看過的電影，有時候，系統很容易將使用者沒看過卻喜歡的電影判斷成使用者「討厭」這部電影。

使用者認知則是從使用者得到顯性資料，再判斷使用者是否了解他們會給予系統哪些資料。舉例來說，音樂 APP 一開始會先要求使用者輸入喜歡的歌手或音樂種類，而此時使用者則會想成系統是為了要推薦「該歌手的歌曲」才希望使用者填寫這類資訊。如果能讓使用者覺得系統的推薦是有所本的，就比較容易給予使用者好印象。

7.2.3 推薦系統的演算法

推薦系統的演算法可分成兩大類，一種是**協同過濾式推薦**（Collaborative Filtering），這是找出評價傾向相近的人，藉此對電影品味相近的人請教他們的推薦或是找出評價類似的電影的演算法，另一種則是**內容導向式推薦**（Content-based Filtering），指的是找出電影導演、種類、標題相近的電影的演算法。

協同過濾式推薦還可分成**用戶導向式協同過濾演算法**（User-based Collaborative Filtering）以及**項目導向式協同過濾演算法**（Item-based Collaborative Filtering），前者可找出類似的人，後者可找出類似的項目。這兩種演算法會根據系統擁有的資料顯示類似的使用者／項目，所以又被認為是**記憶導向式協同過濾推薦演算法**（Memory-based Collaborative Filtering）的一種。

再者，有別於記憶導向式的方法之一還有學習迴歸、分類的預測模型的**模型導向協同過濾推薦演算法**（Model-based Collaborative Filtering）。

接下來，為大家進一步介紹這些演算法。

7.2.4 用戶導向式協同過濾演算法

用戶導向式協同過濾演算法是推薦「跟你買了相同商品的人，也買了這類商品」的演算法。

協同過濾演算法在有使用者 × 項目的評估值矩陣時，可預測資料缺損部分的評估值。用戶導向式協同過濾演算法可利用下列的流程執行：

1. 以向量呈現使用者資訊
2. 決定使用者之間的類似程度（相似度）
3. 根據相似度計算評估值

讓我們思考一下使用者評估電影的評估向量。

```
user[i] = [rating[i][1], rating[i][2], ..., rating[i][m]]
```

hi 是從**表 7-1** 抽出的某位使用者的某一列評估，`rating` 變數則是 k 位使用者對 m 部電影的評估值。讓我們一起思考當第 i 位使用者 U 的評估值向量為 u = user[i]，第 j 位使用者 V 的評估值向量為 v = user[j] 的相似度。

相似度越大代表使用者越相似，越小則越不相似。代表的相似度有**皮爾遜積矩相關係數**（Pearson Product-moment Correlation Coefficient）、**餘弦相似度**（Cosine Similarity）、**傑卡德係數**（Jaccard Index, Jaccard Similarity Coefficient）。

GroupLens 的論文 [grouplens] 也使用了皮爾遜積矩相關係數，在多數情況下，只說相關係數就是在說皮爾遜積矩相關係數。皮爾遜積矩相關係數可取得 -1 到 1 的值，也可寫成下列的程式碼：

```python
import numpy as np
def pearson_coefficient(u, v):
    u_diff = u - np.mean(u)
    v_diff = v - np.mean(v)
    numerator = np.dot(u_diff, v_diff)
    denominator = np.sqrt(sum(u_diff **2)) * np.sqrt(sum(v_diff **2))
    return numerator / denominator
```

若使用 SciPy 可如下計算：

```python
from scipy.spatial.distance import correlation
1 - correlation(u, v)
```

餘弦相似度常用於計算純文字文章之間的距離，會取得 0 到 1 的值。可利用下列的公式計算：

```python
np.dot(u, v) / (np.sqrt(sum(u **2)) * np.sqrt(sum(v **2)))
```

可使用 SciPy 進行下列的計算：

```python
from scipy.spatial.distance import cosine
1 - cosine(u, v)
```

傑卡德係數可計算集合之間的距離，會取得 0 到 1 的值。可利用下列的公式計算以 0、1 呈現的向量距離。

```python
np.dot(u, v) / (sum(np.absolute(u)) + sum(np.absolute(v)) - np.dot(u, v))
```

若使用 SciPy 可如下計算：

```python
from scipy.spatial.distance import jaccard
1 - jaccard(u, v)
```

不同的問題需要不同的相似度，建議大家多多嘗試不同的計算方法。

就用戶導向式協同過濾演算法而言，顯示相似的使用者會喜歡的項目，是最單純的使用方法。預測評估值的時候，則有平均前段班 k 位使用者評估的方法。某位使用者 U 對電影 M 的評估值可如下預測：

```
np.mean(nearest_user_ratings) / k
```

在這裡使用的 `nearest_user_ratings` 是前段班 k 位相似使用者對於電影 M 的評估值向量。

此外，若利用使用者相似度賦予權重，還可利用下列的方式計算預測值。

```
np.dot(nearest_user_rating, nearest_user_similarity) / \
np.sum(nearest_user_ratings)
```

`nearest_user_similarity` 是前段班 k 位相似使用者與使用者 U 之間的相似度向量。在很相似的人的評估值乘上較大的權重，並在不太相似的人的評估值乘上較小的權重，然後加總，藉此重視相似的人的評估值。之所以會使用除法正規化結果，是為了避免結果超過五段式評估的範圍。

7.2.5 項目導向式協同過濾演算法

項目導向式協同過濾演算法也屬於記憶導向的手法，是利用皮爾遜相關係數與餘弦相似度找到高相似度項目的演算法。計算方法與用戶導向式協同過濾演算法沒什麼太大的出入。此外，還有改良餘弦相似度的**調整餘弦相似度（Adjusted Cosine Similarity）**[sarwar2001]。

當電影 M 的評估向量為 m（從評估值矩陣垂直擷取一欄的資料），電影 N 的評估向量為 n，項目導向式協同過濾演算法的皮爾遜相關係數可將 m 與 n 代入 `pearson_coefficient(u, v)` 的 u 與 v 算出。下面再次列出皮爾遜相關係數的程式碼。

```
def pearson_coefficient(u, v):
    u_diff = u - np.mean(u)
    v_diff = v - np.mean(v)
    numerator = np.dot(u_diff, v_diff)
    denominator = np.sqrt(sum(u_diff **2)) * np.sqrt(sum(v_diff **2))
    return numerator / denominator
```

項目導向式協同過濾演算法是以分母減去電影 M 的評估值平均,而以使用者的評估值平均減掉的正是調整餘弦相似度。當各使用者的平均評估值向量為 u_mean,調整餘弦相似度的程式碼就可寫成下列的內容。

```
def adjusted_cosine_coefficient(m, n, u_mean):
    adjusted_m = m - u_mean
    adjusted_n = n - u_mean
    numerator = np.dot(adjusted_m, adjusted_n)
    denominator = np.sqrt(sum(adjusted_m **2)) * np.sqrt(sum(adjusted_n
**2))
    return numerator / denominator
```

以**表 7-1** 為例,計算電影 A 與電影 C 的相似度之際,公式為 m = np.array ([5, 4, 0]) 與 n = np.array([2, 1, 5])。而各使用者的平均評估值則是 u_mean = np.array ([2.333, 1.667, 3.0])。若使用評估值矩陣 rating 計算 u_mean,還可如下使用 NumPy 的 mean 函數。

```
rating = np.asarray([[5, 0, 2],
                     [4, 0, 1],
                     [0, 4, 5]])
u_mean = rating.mean(axis=1)
# array([ 2.33333333, 1.66666667, 3.])
```

除以使用者的評估值平均,可消弭給予高評估與給予低評估的使用者之間的差異,也能提升預測性能。

就用戶導向與項目導向而言,哪邊較快增加資料,哪邊的更新頻率就較快。再者,這也是會對造訪率較低的使用者顯示相似項目,所以是立刻觸及新註冊使用者的方法。反之,也不能只推薦人氣商品,所以得想方法給予使用者一些驚喜。

7.2.6 模型導向協同過濾推薦演算法

模型導向協同過濾推薦演算法是建立監督式學習與非監督式學習的模型,再根據已知資料的規律預測的方法。這裡說的模型包含使用集群的模型、以迴歸預測評估值的模型、使用**主題模型**(Topic Model)的方法、**矩陣分解**(Matrix Decomposition)的方法。

使用集群的模型可建立同好者群組,再向該群組推薦適當項目的方法。

使用迴歸的預測模型則可學習線性迴歸的迴歸模型再預測評估值。

主題模型則包含 PLSA(Probabilistic Latent Semantic Analysis)與 LDA(Latent Dirichlet Allocation)這類讓評估矩陣降維,顯示「喜歡某項動作」這類潛在意義的手法。最明顯的特徵是連隱性資料都可預測。

矩陣分解這項方法原本必須考慮未評估與不支持的差異,所以只能使用顯性資料,但近年來也開始可使用隱性資料 [implicitfm]。最有名的是稱為 Matrix Factorization 的方法,可利用使用者矩陣與項目矩陣呈現點評的評估矩陣。假設手邊有 m 位使用者與 n 個項目的評估矩陣 R,就可如**圖 7-1** 分別成使用者矩陣 U 與項目矩陣 I。此時的 d 為超參數,評估陣列 R 為大部分元素都沒有值的稀疏矩陣,使用者矩陣 U 與項目矩陣 I 則屬於密集矩陣,這點請大家務必注意。

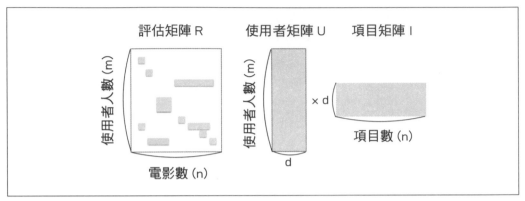

圖 7-1 Matrix Factorization 的示意圖

Matrix Factorization 將**隨機梯度下降法**（SGD）當成最佳化手法使用後，就能對大規模資料進行學習。

7.2.7　內容導向式推薦演算法

內容導向式推薦演算法是將重點放在電影名稱、導演、種類、演員、口碑這類呈現項目的資訊，根據這些資訊的舊資料進行推薦的方法。若能取得代表使用者偏好的單字，就能以該單字向使用者推薦使用者可能感興趣的電影。

7.2.8　協同過濾式推薦與內容導向式推薦的長短處

就算電影種類或內容的單字不相似也沒問題，所以協同過濾式推薦演算法比較有機會算出多元性的推薦結果，而且也不需要管理領域知識。另一方面，協同過濾式推薦演算法因為資料較少，所以很難向新使用者推薦，也很難推薦新項目（**黃金標準問題**），而且系統的使用者人數若不足，就很難得到優質的推薦結果，但是推薦結果不佳，又很難增加使用者，導致陷入這種負面循環的風險增高。

內容導向式推薦演算法是新服務尚未累積足夠行動資料時,能算出較為適切的推薦的手法,但是要使用這種手法,必須時時維護分析語言形態素的字典,如何處理該領域專有的資訊也是課題之一。

7.2.9 評估尺度

推薦有很多評估尺度。**正確率(Accuracy)** 適用於五段式評估達四以上的評估值,預測結果可與使用者的評估值比較。**精確率(Precision)**、**召回率(Recall)** 則可計算正確解答與預測結果之間比例的精確率,以及預測的正確解答相對於正確解答比例的召回率。這些尺度通常用於分類問題的評估。

利用迴歸預測星數這類分數的情況則可使用迴歸評估尺度預測。**平均絕對誤差(Mean Average Error, MAE)** 屬於迴歸使用的評估尺度,可利用評估資料算出預測值與實測值差距絕對值。差距越大,平均絕對誤差的值也會放大。**均方根誤差(Root Mean Squared Error, RMSE)** 也屬於迴歸使用的評估尺度,是以預測值與實測值的差距的平方作為基礎的資料。差距越大,均方根誤差的值也會放大。一般認為,與平均絕對誤差相較之下,均方根誤差較不擅長處理偏差值。

順位相關性(Rank Correlation) 則是評估推薦項目排序的指標。這個指標很常在為了學習順位而使用**排名學習(Learning to Rank)** 的時候使用。

其他還有將**多元性(Diversity)** 納為評估指標使用的情況,也有將可預測評估值的項目相對於所有項目的比例,也就是**覆蓋率(Coverage)** 作為評估指標使用的情況。

7.3 觀察 MovieLens 的資料傾向

接下來要觀察 MovieLens 的資料有哪些內容。第一步,請先下載資料。

下列的程式碼放在以下網址：

https://github.com/oreilly-japan/ml-at-work

上述網址的 chap07/download.sh 放了下載的指令，使用 Linux 作業系統的人，可自行利用這個指令。

```
wget http://files.grouplens.org/papers/ml-100k.zip
unzip ml-100k.zip
```

接下來讓我們實際觀察資料。資料可自以下網址取得：

https://raw.githubusercontent.com/oreilly-japan/ml-at-work/master/chap07/Movie_
recommendation.ipynb

第一步先觀察使用者資訊、評估值資訊、電影資訊這些資料。載入使用者資訊後，存入 pandas 的 DataFrame。

```
import pandas as pd

u_cols = ['user_id', 'age', 'sex', 'occupation', 'zip_code']
users = pd.read_csv('ml-100k/u.user', sep='|', names=u_cols)
users.head()
```

	user_id	age	sex	occupation	zip_code
0	1	24	M	technician	85711
1	2	53	F	other	94043
2	3	23	M	writer	32067
3	4	24	M	technician	43537
4	5	33	F	other	15213

圖 7-2 使用者資訊（局部）

從中可以發現使用者資訊包含使用者 ID、年齡、性別、職業、郵遞區號。接著以相同的方式載入評估值資訊。

```
r_cols = ['user_id', 'movie_id', 'rating', 'unix_timestamp']
ratings = pd.read_csv('ml-100k/u.data', sep='\t', names=r_cols)
ratings['date'] = pd.to_datetime(ratings['unix_timestamp'],unit='s')
ratings.head()
```

	user_id	movie_id	rating	unix_timestamp	date
0	196	242	3	881250949	1997-12-04 15:55:49
1	186	302	3	891717742	1998-04-04 19:22:22
2	22	377	1	878887116	1997-11-07 07:18:36
3	244	51	2	880606923	1997-11-27 05:02:03
4	166	346	1	886397596	1998-02-02 05:33:16

圖 7-3 評估值資訊（局部）

其中包含使用者 ID、電影 ID、五段式評估值、評估之際的 UNIX 時間。人類無法閱讀 UNIX 時間，所以在 data 欄位放入剖析後的日期。

最後是載入電影資訊。

```
m_cols = ['movie_id', 'title', 'release_date',
'video_release_date', 'imdb_url']
movies = pd.read_csv('ml-100k/u.item', sep='|',
names=m_cols, usecols=range(5), encoding = "latin1")
movies.head()
```

	movie_id	title	release_date	video_release_date	imdb_url
0	1	Toy Story (1995)	01-Jan-1995	NaN	http://us.imdb.com/M/title-exact?Toy%20Story%2...
1	2	GoldenEye (1995)	01-Jan-1995	NaN	http://us.imdb.com/M/title-exact?GoldenEye%20(...
2	3	Four Rooms (1995)	01-Jan-1995	NaN	http://us.imdb.com/M/title-exact?Four%20Rooms%...
3	4	Get Shorty (1995)	01-Jan-1995	NaN	http://us.imdb.com/M/title-exact?Get%20Shorty%...
4	5	Copycat (1995)	01-Jan-1995	NaN	http://us.imdb.com/M/title-exact?Copycat%20(1995)

圖 7-4 電影資訊（局部）

其中包含電影 ID、電影名稱、上映日期、影碟銷售日期、IMDb[3] 這個網路電影資料庫
的 URL。為了預測評估值，先合併所有的資訊。

```
movie_rating = pd.merge(movies, ratings)
lens = pd.merge(movie_rating, users)
```

接著讓我們觀察所有資料之中，最受好評的 25 部作品的名稱。

```
lens.title.value_counts()[:25]
# Star Wars (1977)              583
# Contact (1997)               509
# Fargo (1996)                 508
# Return of the Jedi (1983)    507
# ...
# Name: title, dtype: int64
```

第一名是 583 筆資料的《星際大戰》。可以發現，前段班的電影都以 2000 年以前的電
影居多。理由應該是覺得老電影比較好看的人居多。接著計算評估值的數量與平均，
再依照由高至低的順序排列平均值。

```
movie_stats = lens.groupby('title').agg({'rating': [np.size, np.mean]})
movie_stats.sort_values(by=[('rating', 'mean')], ascending=False).head()
```

3　http://www.imdb.com/

如此一來會發生什麼事？答案是評估值件數只有 1 件的很少，所以評估值平均較高的電影會跑到前段班。那麼該怎麼避免這個情況呢？

title	rating	
	size	mean
They Made Me a Criminal (1939)	1	5
Marlene Dietrich: Shadow and Light (1996)	1	5
Saint of Fort Washington, The (1993)	2	5
Someone Else's America (1995)	1	5
Star Kid (1997)	3	5

圖 7-5 平均評估值前段班的電影

方法之一就是評估數若太少，平均值就容易摻有雜訊，所以只計算評估數較多的資料。下列的程式碼會針對評估數超過 100 件以上的電影，依照評估值由高至低的順序替電影排名。

```
atleast_100 = movie_stats['rating']['size'] >=100
movie_stats[atleast_100].sort_values(by=[('rating', 'mean')],
ascending=False)[:15]
```

	rating	
	size	mean
title		
Close Shave, A (1995)	112	4.491071
Schindler's List (1993)	298	4.466443
Wrong Trousers, The (1993)	118	4.466102
Casablanca (1942)	243	4.456790
Shawshank Redemption, The (1994)	283	4.445230
Rear Window (1954)	209	4.387560
Usual Suspects, The (1995)	267	4.385768
Star Wars (1977)	583	4.358491
12 Angry Men (1957)	125	4.344000
Citizen Kane (1941)	198	4.292929
To Kill a Mockingbird (1962)	219	4.292237
One Flew Over the Cuckoo's Nest (1975)	264	4.291667
Silence of the Lambs, The (1991)	390	4.289744
North by Northwest (1959)	179	4.284916
Godfather, The (1972)	413	4.283293

圖 7-6　評估數超過 100 件，平均評估值又在前段班的電影

現在的排名就如預期的內容了。評估次數又如何分佈呢？讓我們以直方圖觀察吧。

```python
from matplotlib import pyplot as plt
plt.style.use('ggplot')

lens.groupby('user_id').size().sort_values(ascending=False).hist()

plt.xlabel('rating size')
plt.ylabel('count of rating')
```

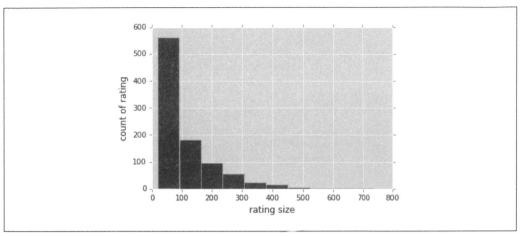

圖 7-7 評估值的直方圖

從資料來看,是頻率較低的長尾分佈。這個結果可說是符合**齊夫定律**(Zipf's Law)。
接著是觀察每位使用者的評估數以及評估值平均。

```
user_stats = lens.groupby('user_id').agg({'rating': [np.size, np.mean]})
user_stats['rating'].describe()
```

	size	mean
count	943.000000	943.000000
mean	106.044539	3.588191
std	100.931743	0.445233
min	20.000000	1.491954
25%	33.000000	3.323054
50%	65.000000	3.620690
75%	148.000000	3.869565
max	737.000000	4.869565

圖 7-8 每位使用者的評估數與評估值

若將注意力放在評估值的平均，會發現從最低平均值 1.49 分的毒舌使用者到 4.87 分的佛心使用者為止，每個使用者都存在偏見。

7.4 建置推薦系統

接下來要使用 MovieLens 的資料預測電影的評估值。

7.4.1 使用 Factorization Machines 的推薦

這次要使用 Matrix Factorization 一般化之後的演算法 Factorization Machines 推薦（圖 7-9，[fm2012]）。Factorization Machines 具有下列特徵：

- Matrix Factorization 只處理使用者與項目的資訊，但是 Factorization Machines 卻可操作額外的特徵值。
- 與邏輯迴歸不同的是，Factorization Machines 與 Matrix Factorization 一樣可操作稀疏的矩陣。
- 可顧慮特徵值彼此影響的**交互作用**（Interaction），所以可適切地操作彼此具有關聯性的特徵值。

將分類資料當成虛擬變數使用，處理分類之間的交互作用的影響。

Factorization Machines 的各種程式庫可進行學習迴歸、分類、順位的**排名學習**（Learning to Rank）。

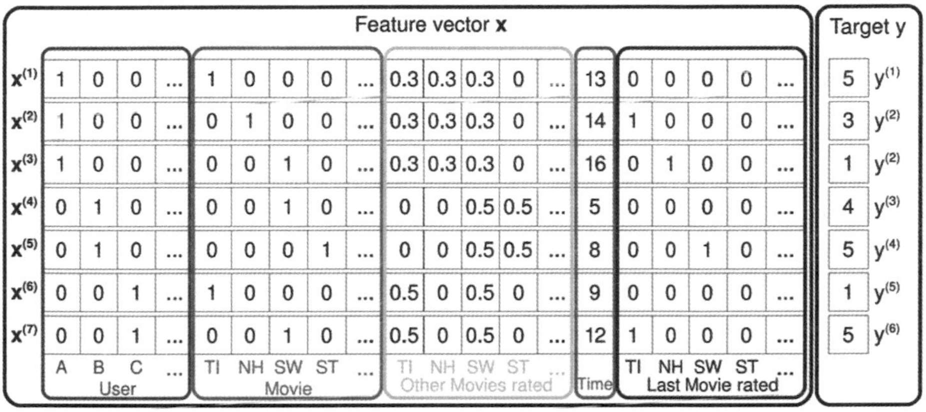

	Feature vector **x**						Target y
	A B C ... (User)	TI NH SW ST ... (Movie)	TI NH SW ST ... (Other Movies rated)	Time	TI NH SW ST ... (Last Movie rated)		
$x^{(1)}$	1 0 0 ...	1 0 0 0 ...	0.3 0.3 0.3 0 ...	13	0 0 0 0 ...	5	$y^{(1)}$
$x^{(2)}$	1 0 0 ...	0 1 0 0 ...	0.3 0.3 0.3 0 ...	14	1 0 0 0 ...	3	$y^{(2)}$
$x^{(3)}$	1 0 0 ...	0 0 1 0 ...	0.3 0.3 0.3 0 ...	16	0 1 0 0 ...	1	$y^{(2)}$
$x^{(4)}$	0 1 0 ...	0 0 1 0 ...	0 0 0.5 0.5 ...	5	0 0 0 0 ...	4	$y^{(3)}$
$x^{(5)}$	0 1 0 ...	0 0 0 1 ...	0 0 0.5 0.5 ...	8	0 0 1 0 ...	5	$y^{(4)}$
$x^{(6)}$	0 0 1 ...	1 0 0 0 ...	0.5 0 0.5 0 ...	9	0 0 0 0 ...	1	$y^{(5)}$
$x^{(7)}$	0 0 1 ...	0 0 1 0 ...	0.5 0 0.5 0 ...	12	1 0 0 0 ...	5	$y^{(6)}$

圖 7-9 Factorization Machines 的示意圖（從 [fm2012] 引用）

撰寫 Factorization Machines 所需的程式庫以發明者撰寫的 libFM[4] 最為有名，不過 libFM 是以 C++ 撰寫，所以這次要改用以 Python 撰寫的 fastFM[5]。fastFM 可利用 pip 指令安裝。

```
$ pip install fastFM
```

如果無法以 pip 安裝，可複製 GitHub 的資源庫，再依 README 指示手動安裝。

fastFM 與原創的 libFM 一樣，都可進行評估值的迴歸分析、二元分類、排名學習。 fastFM 使用的演算法包含 Alternated Least Squared（ALS）、**隨機梯度下降法** （SGD）、MCMC（Markov Chain Monte Carlo Methods，**馬可夫蒙地卡羅法**）。

各種演算法的長處與短處如下。

4　http://www.libfm.org/
5　https://github.com/ibayer/fastFM

- ALS
  - 長處：預測速度很快，參數較 SGD 少
  - 短處：需要正規化
- SGD
  - 長處：預測速度快，可快速學習大型資料
  - 短處：必須正規化，超參數很多
- MCMC
  - 長處：超參數較少，可自動正規化
  - 短處：需要耗費較多時間學習

一開始讓我們先試著使用 ALS 學習與預測吧。

在 fastFM 的輸入資料裡，使用者 ID 與項目 ID 會被視為分類變數，必須先轉換成虛擬變數，轉換所需的是 scikit-learn 的 DictVectorizer 類別。

```
from sklearn.feature_extraction import DictVectorizer

# 輸入資料的原始資料（不包含標籤的分數）
# 使用者 ID、評估過的項目 ID、包含使用者年齡的辭典
train = [
    {"user": "1", "item": "5", "age": 19},
    {"user": "2", "item": "43", "age": 33},
    {"user": "3", "item": "20", "age": 55},
    {"user": "4", "item": "10", "age": 20},
]

# 利用 DictVectorizer() 將 age 之外的欄位全部轉換成虛擬變數
v = DictVectorizer()
X = v.fit_transform(train)
print(X.toarray())
# user, item 會以 string 的格式傳遞，所以轉換成虛擬變數
# [[ 19. 0. 0. 0. 1. 1. 0. 0. 0.]
# [ 33. 0. 0. 1. 0. 0. 1. 0. 0.]
```

```
# [ 55. 0. 1. 0. 0. 0. 0. 1. 0.]
# [ 20. 1. 0. 0. 0. 0. 0. 0. 1.]]
```

以字串呈現使用者 ID 與項目 ID，就能將這兩種資料當成分類變數使用。

接著要利用 ALS 對這些虛擬資料進行迴歸分析。

```
from fastFM import als
import numpy as np


# 將剛剛的虛擬資料的 19 歲使用者設定為 5 分，33 歲使用者設定為 1 分
# 55 歲的使用者設定為 2 分、20 歲的使用者設定為 4 分
y = np.array([5.0, 1.0, 2.0, 4.0])
# 利用 ALS 初始化與學習迴歸的 FM 模型
fm = als.FMRegression(n_iter=1000, init_stdev=0.1, rank=2,
 l2_reg_w=0.1, l2_reg_V=0.5)
fm.fit(X, y)
# 預測 24 歲的使用者 ID 5 對項目 ID 10 評估的 rate
fm.predict(v.transform({"user": "5", "item": "10", "age": 24}))
# array([ 3.60775939])
```

預測 24 歲使用者 ID 5 對項目 ID 10 的評估值之後，在年齡相近，對相同商品給予五段式評價，同時評價接近 4 的使用者之中，可得到評值 3.6 這個預測結果。

7.4.2 總算要利用 Factorization Machine 學習了

了解整體的傾向之後，讓我們試著預測電影的評估值吧。其實 MovieLens 的資料將使用者分成開發資料與測試資料，所以一開始讓我們先利用這兩種資料預測評估值。

定義載入資料的函數，再載入開發資料 ua.base 與測試資料 ua.test。

```
def load_data(filename, path="ml-100k/"):
    data = []
    y = []
    with open(path+filename) as f:
```

```
        for line in f:
            (user, movieid, rating, ts) = line.split('\t')
            data.append({"user_id": str(user), "movie_id": str(movieid)})
            y.append(float(rating))

    return (data, np.array(y))

(dev_data, y_dev) = load_data("ua.base")
(test_data, y_test) = load_data("ua.test")
```

此時 Factorization Machines 會以分類變數的方式將使用者 ID 與電影 ID 轉換成字串類
型，再利用 `DictVectorizer` 類別轉換成虛擬變數。

接著將開發資料分成訓練資料與驗證資料。參數是利用訓練資料與驗證資料調整，最
終的評估則是使用測試資料。

```
from sklearn.model_selection import train_test_split


v = DictVectorizer()
X_dev = v.fit_transform(dev_data)
X_test = v.transform(test_data)
np.std(y_test)
X_train, X_dev_test, y_train, y_dev_test = \
 train_test_split(X_dev, y_dev, test_size=0.1, random_state=42)
```

X_train 為訓練資料，y_train 是訓練資料的評估值，X_dev_test 是驗證資料，y_
dev_test 則是驗證資料的評估值。利用 train_test_split() 函數將資料分割成 9:1。

資料分割就緒後，就要利用 Factorization Machines 學習。由於超參數的數量較少，所
以使用 MCMC 學習。於 fastFM 以 MCMC 學習時，會因為 fastFM 的特性被迫同時學
習與預測，換言之，fit() 函數與 predict() 函數無法分離，只能使用 fit_predict()
函數學習與預測。所以在線上預測，而預測時間有限時，最好還是使用 SGD 預測。

利用 MCMC 學習，再觀察相對於迭代次數的均方根誤差以及 MCMC 的超參數
(alpha,lambda_w,mu_w) 的趨勢。

```python
from sklearn.metrics import mean_squared_error
from fastFM import mcmc

# fastFM 的參數宣告
n_iter = 300
step_size = 1
seed = 123
rank = 4

# 初始化 MCMC 的迴歸 FM 模型
fm = mcmc.FMRegression(n_iter=0, rank=rank, random_state=seed)
fm.fit_predict(X_train, y_train, X_dev_test)

rmse_dev_test = []
rmse_test = []
hyper_param = np.zeros((n_iter -1, 3 + 2 * rank), dtype=np.float64)

# 讓迭代次數產生變化，得到預測結果的性能與超參數
for nr, i in enumerate(range(1, n_iter)):
    fm.random_state = i * seed
    y_pred = fm.fit_predict(X_train, y_train, X_dev_test,
                            n_more_iter=step_size)
    rmse_test.append(np.sqrt(mean_squared_error(y_pred, y_dev_test)))
    hyper_param[nr, :] = fm.hyper_param_

# 在一開始的 5 次裡，數值還未穩定，所以忽略這些數值
values = np.arange(1, n_iter)
x = values * step_size
burn_in = 5
x = x[burn_in:]

# 繪製 RMSE 與超參數
from matplotlib import pyplot as plt
fig, axes = plt.subplots(nrows=2, ncols=2, sharex=True, figsize=(15, 8))
```

```
axes[0, 0].plot(x, rmse_test[burn_in:], label='dev test rmse', color="r")
axes[0, 0].legend()
axes[0, 1].plot(x, hyper_param[burn_in:,0], label='alpha', color="b")
axes[0, 1].legend()
axes[1, 0].plot(x, hyper_param[burn_in:,1], label='lambda_w', color="g")
axes[1, 0].legend()
axes[1, 1].plot(x, hyper_param[burn_in:,3], label='mu_w', color="g")
axes[1, 1].legend()
```

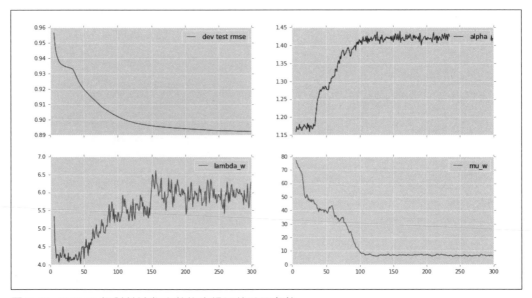

圖 7-10 MCMC 相對於迭代次數均方根誤差以及參數

重複計算 100 次之後，可發現每個參數都開始收斂。標準差就是迴歸問題的均方根誤差的衡量指標。

有隨時輸出平均值的預測模型時，就會發現均方根誤差等於標準差這件事。驗證資料的標準差為 1.12，而這次預測的評估值的均方根誤差則是較低的 0.89。

接著要看看代表矩陣壓縮次數的 rank（與 Matrix Factorization 的 d 一樣的超參數）放大時，性能會有什麼改變。

```
n_iter = 100
seed = 333

rmse_test = []
# 以 4、8、16、32、64 搜尋 ranks
ranks = [4, 8, 16, 32, 64]

# 調整 rank 之後學習與預測，再獲得 dev test 資料的 RMSE
for rank in ranks:
    fm = mcmc.FMRegression(n_iter=n_iter, rank=rank, random_state=seed)
    y_pred = fm.fit_predict(X_train, y_train, X_dev_test)
    rmse = np.sqrt(mean_squared_error(y_pred, y_dev_test))
    rmse_test.append(rmse)
    print('rank:{}\trmse:{:.3f}'.format(rank, rmse))

# 繪製每個 rank 的 RMSE
plt.plot(ranks, rmse_test, label='dev test rmse', color="r")
plt.legend()
```

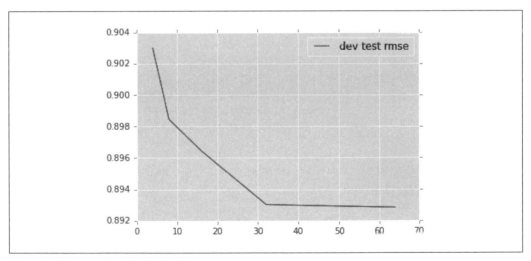

圖 7-11 每個 Rank 的均方根誤差

可以發現，當 rank 為 32 的時候，均方根誤差的變化就慢慢趨緩。rank 越大，要考慮的交互作用就增加，作為學習對象的權重的個數也會增加，學習時間也會拉長。所以設定適當大小的 rank 是非常重要的。

接著讓我們以測試資料評估。

```
fm = mcmc.FMRegression(n_iter=300, rank=32, random_state=seed)
y_pred = fm.fit_predict(X_train, y_train, X_test)
np.sqrt(mean_squared_error(y_pred, y_test))
```

得到均方根誤差為 0.921 的結果。請大家回想一下調查資料傾向時，每位使用者的評估值不一致這件事。為了解決這個問題，似乎可標準化評估值。這次打算使用的是 StandardScaler 類別。StandardScaler 類別在標準化評估值的時候，會將平均化為 0，並將標準差化為 1。

```
from sklearn.preprocessing import StandardScaler

scaler = StandardScaler()
y_train_norm = scaler.fit_transform(y_train.reshape(-1, 1)).ravel()
fm = mcmc.FMRegression(n_iter=300, rank=32, random_state=seed)
y_pred = fm.fit_predict(X_train, y_train_norm, X_test)
np.sqrt(mean_squared_error(scaler.inverse_transform(y_pred), y_test))
```

標準化之後，均方根誤差為 0.920，雖然與之前只有一些差距，但的確是變小了。

7.4.3 追加使用者與電影之外的文本

最後要加入使用者 ID 與電影 ID 之外的資訊。要加入的有電影上映年份、使用者年齡、性別、評估年份。第一步先處理這些資料的特徵值。

```
lens['user_id'] = lens['user_id'].astype(str)
lens['movie_id'] = lens['movie_id'].astype(str)
lens['year'] = lens['date'].apply(str).str.split('-').str.get(0)
```

```
lens['release_year'] = \
 lens['release_date'].apply(str).str.split('-').str.get(2)
lens['year'] = lens['date'].apply(str).str.split('-').str.get(0)
lens['release_year'] = \
 lens['release_date'].apply(str).str.split('-').str.get(2)
```

為了將使用者 ID 與電影 ID 轉換成虛擬變數，而將這兩種資料轉換成字串。電影上映年份與評估年份可從上映日期與評估日期篩出。接下來讓我們製作這些資料的特徵值的候選組合。

```
candidate_columns = [
    ['user_id', 'movie_id', 'release_year', 'age', 'sex', 'year',
'rating'], #A
    ['user_id', 'movie_id', 'age', 'sex', 'year', 'rating'], #B
    ['user_id', 'movie_id', 'sex', 'year', 'rating'], #C
    ['user_id', 'movie_id', 'age', 'sex', 'rating'], #D
    ['user_id', 'movie_id', 'rating'], #E
]
```

從 A 至 E 替這些組合命名後，實際學習哪種組合比較好。

```
rmse_test = []

# 針對每一欄評估
for column in candidate_columns:
    # 刪除缺失值
    filtered_lens = lens[column].dropna()
    # 將輸入資料轉換成虛擬變數
    v = DictVectorizer()
    X_more_feature = v.fit_transform(
     list(filtered_lens.drop('rating', axis=1).T.to_dict().values()))
    # 代入訓練資料的 rating
    y_more_feature = filtered_lens['rating'].tolist()

    # 將訓練資料分割成學習用與評估用
    X_mf_train, X_mf_test, y_mf_train, y_mf_test = train_test_split(
```

```
    X_more_feature, y_more_feature, test_size=0.1, random_state=42)

# 正規化 rating
scaler = StandardScaler()
y_mf_train_norm = scaler.fit_transform(np.array(y_mf_train)).ravel()

# 使用 MCMC 的模型學習
fm = mcmc.FMRegression(n_iter=500, rank=8, random_state=123)
fm.fit_predict(X_mf_train, y_mf_train_norm, X_mf_test)

# 以測試資料的預測結果取得 RMSE
y_pred = fm.fit_predict(X_mf_train, y_mf_train_norm, X_mf_test)
rmse = np.sqrt(
 mean_squared_error(scaler.inverse_transform(y_pred), y_mf_test))
rmse_test.append(rmse)

# 繪製 RMSE
ind = np.arange(len(rmse_test))
bar = plt.bar(ind, height=rmse_test)
plt.xticks(ind, ('A', 'B', 'C', 'D', 'E'))
plt.ylim((0.88, 0.90))
```

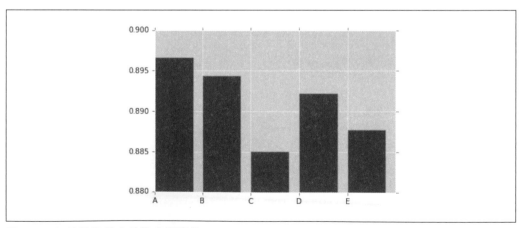

圖 7-12 各特徵值組合的均方根誤差

預測結果的均方根誤差請參考**圖 7-12**。從結果可以發現，C 的使用者 ID、電影 ID、性別、評估年份的組合比較好，均方根誤差也抑制在 0.885 較低的程度。

Factorization Machines 可輕鬆地將特徵值的組合轉換成各種形式，也可輕鬆地驗證加入哪些文本，可讓模型的性能更好。這種使用非使用者與項目的資料進行的推薦又稱為 Context-Aware Recommendation [contextawarerecom]。

將這次的預測結果存入資料庫之後，再從網頁應用程式參照與利用。此外，受限於 MCMC 的限制很難以即時處理的方式預測，但是若真的想即時預測，可改以 SGD 建置模型，就能以即時處理的方式得到評估值。

7.5 本章總結

本章透過預測電影評估值學習推薦系統的概要，也實際利用 Factorization Machines 進行推薦。使用 Factorization Machines 預測評估值之後，也發現除了使用者 ID 或電影 ID，另外搭配其他特徵值就能改善模型的預測性能。

實際使用推薦系統時，通常不會有評估值，所以過程也辛苦得多。如果無法創造對使用者有好處的機制，就無法促使使用者給予評估，也就無法收集到評估值。此外，作為預測對象的資料也得使用能體現使用者偏好的資料，尤其得分清楚該對象是最終要預測的值，還是可當成特徵值使用的中途資料。

## 第八章

Kickstarter 的分析、不使用機器學習的選項

本章要一邊分析資料，一邊思考資料分析的過程，再看看會出現哪些報告結果。

本章要擷取 Kickstarter，再根據擷取結果使用 Excel 進行資料分析，然後製作交給上司的報告，完整體驗一連串的實務操作。

 這次的分析是筆者推動副業的專案時，實際透過 Kickstarter 調度資金的過程。結果未能透過 Kickstarter 募集到資金。雖然結果不理想，卻透過 Kickstarter 的分析得到許多有趣的發現，接下來也將為大家介紹這些發現。

本章使用的程式碼放在以下網址，若有需求，請大家逕自參考：
https://github.com/oreilly-japan/ml-at-work/tree/master/chap08

8.1 調查 Kickstarter 的 API

一開始讓我們先調查 Kickstarter 的 API。第一步，先以「kickstarter api」這個關鍵字搜尋，應該會發現 Does Kickstarter have a public API? – Stack Overflow[1] 的這些文章。

看來在 Kickstarter 的 API 是非公開 API，一旦在 Kickstarter 的搜尋頁面網址指定 .json，就會傳回 JSON 格式的資料。這次就讓我們利用這個非公開的 API 吧！

https://www.kickstarter.com/projects/search?term=3d+printer
https://www.kickstarter.com/projects/search.json?term=3d+printer

8.2 製作 Kickstarter 的網路爬蟲

接著使用這個 API 撰寫網路爬蟲。

這次的分析只限於 Kickstarter 的 Technology 分類。這是因為若非 Technology 分類，分析的直覺領域知識就不管用，所以先將範圍限縮在 Technology。

這個 API 的問題在於 Kickstarter 只能在接收 1 次的要求時，傳回 20 筆搜尋結果[2]，而且只能搜尋 200 頁，所以最多只能得到 4000 筆搜尋結果。因此這次在搜尋時，指定 Technology 分類（分類 ID=16）下方的子分類，藉此篩檢搜尋結果，避開上述的限制。

這次的網路爬蟲會新增 result 資料夾，再將收集到的專案 JSON 儲存在這個資料夾。如此一來，網路爬蟲與資料分析的程式碼就能各自獨立，也能快速存取資料分析使用的本地端資料。

---

1 http://stackoverflow.com/questions/12907133/does-kickstarter-have-a-public-api
2 一頁只有 20 筆資料是 2017 年 3 月進行本分析時的狀況，到了 2017 年 10 月之後，就減為一頁只有 12 筆，請大家特別注意這點。

```python
import urllib.request
import json
import os
import time

os.makedirs('result', exist_ok=True)

search_term = ""
sort_key = 'newest'
category_list = [16, 331, 332, 333, 334, 335, 336,
                 337, 52, 362, 338, 51, 339, 340,
                 341, 342] # technology category
query_base = "https://www.kickstarter.com/projects/search.json?↵
term=%s&category_id=%d&page=%d&sort=%s"

for category_id in category_list:


for page_id in range(1, 201):
    try:
        query = query_base % (
            search_term, category_id, page_id, sort_key)
        print(query)
        data = urllib.request.urlopen(query).read().decode("utf-8")
        response_json = json.loads(data)
    except:
        break

    # 1 頁會傳回 20 筆結果，所以要一筆一筆儲存
    for project in response_json["projects"]:
        filepath = "result/%d.json" % project["id"]
        fp = open(filepath, "w")
        fp.write(json.dumps(project, sort_keys=True, indent=?))
        fp.close()

    # 每次存取，都會插入 1 秒的延遲，避免過度存取
    time.sleep(1)
```

執行這個網路爬蟲之後，會在 result 資料夾儲存 JSON 檔案，讓我們稍微看一下這個檔案的內容。順帶一提，受限於版面，這裡只篩出需要的項目。

```
{
    "backers_count": 0,
    "country": "GB",
    "created_at": 1452453394,
    "currency": "GBP",
    "deadline": 1457820238,
    "disable_communication": true,
    "goal": 30000.0,
    "id": 1629226758,
    "launched_at": 1452636238,
    "name": "Ordering web page for small fast food businesses.",
    "pledged": 0.0,
    "slug": "ordering-web-page-for-small-fast-food-businesses",
    "state": "suspended",
    "state_changed_at": 1455831674,
    "static_usd_rate": 1.45221346,
    "urls": {
        "web": {
            "project": "https://www.kickstarter.com/projects/189332819/↵
ordering-web-page-for-small-fast-food-businesses?ref=category_newest",
            "rewards": "https://www.kickstarter.com/projects/189332819/↵
ordering-web-page-for-small-fast-food-businesses/rewards"
        }
    },
    "usd_pledged": "0.0"
}
```

8.3 將 JSON 資料轉換成 CSV

瀏覽 JSON 檔案之後，會看到許多參數，讓我們試著篩出這些參數。要載入資料夾的檔案可使用 Python 內建程式庫的 glob。使用萬用字元指定，就能輕鬆取得列表格式的檔案名稱。

基本上，後續的分析都交給 Excel，所以轉換成 Excel 方便分析的 CSV 格式。轉換成 CSV 格式可使用 pandas 的 `pandas.io.json.json_normalize(json_data)`[3] 這個函數。

利用 Excel 載入檔案時的祕訣包含利用 CP932（在 Windows 使用的 Shift_JIS 的擴充字元編碼）編碼或是將 Unix Timestamp 類型的欄位轉換成 DataTime 類型。

```python
import glob
import json
import pandas
import pandas.io.json

project_list = []

# 利用 glob 將 result 資料夾的檔案悉數載入
for filename in glob.glob("result/*.json"):
    project = json.loads(open(filename).read())
    project_list.append(project)

# 利用 json_normalize 轉換成 DataFrame
df = pandas.io.json.json_normalize(project_list)

# 將結尾為 "_at" 的 unixtime 欄位轉換成 datetime
datetime_columns = filter(lambda a: a[-3:] == "_at", df.columns)
for column in datetime_columns:
    df[column] = pandas.to_datetime(df[column], unit='s')

# 從 DataFrame 轉換成 CSV 格式的 str
csv_data = df.to_csv()

# 之後要載入 Windows 的 Excel，所以轉換成 CP932 編碼
csv_data = csv_data.encode("cp932", "ignore")
```

3　http://pandas.pydata.org/pandas-docs/version/0.20.3/generated/pandas.io.json.json_normalize.html

```
# 載入結果
fp = open("kickstarter_result.csv", "wb")
fp.write(csv_data)
fp.close()
```

8.4 在 Excel 稍微瀏覽內容

接著在 Excel 瀏覽篩選的資料。雖然也可使用散佈圖矩陣了解圖表概要形狀，但是為了掌握原始資料的走向，也可以使用隨機取樣的資料，建議大家在 Excel 開啟檔案，瀏覽資料。

對原始資料有無感覺會大幅影響分析的效率。即使是機器學習，若對資料沒有感覺，就很難發現執行結果有異，所以絕對要花點時間瀏覽原始資料。

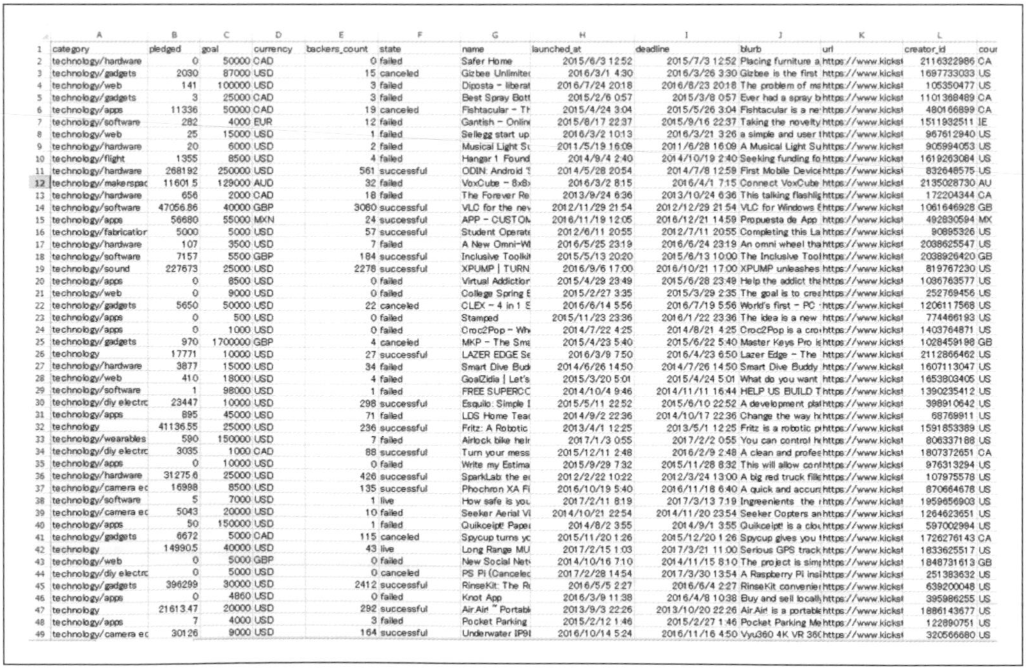

	A	B	C	D	E	F	G	H	I	J	K	L	
1	category	pledged	goal	currency	backers_count	state	name	launched_at	deadline	blurb	url	creator_id	cour
2	technology/hardware	0	50000	CAD	0	failed	Safer Home	2015/6/3 12:52	2015/7/3 12:52	Placing furniture a	https://www.kickst	2116322986	CA
3	technology/gadgets	2030	87000	USD	15	canceled	Gizbee Unlimite	2016/3/1 4:30	2016/3/26 3:30	Gizbee is the first	https://www.kickst	1697733033	US
4	technology/web	141	100000	USD	3	failed	Diposta - liberat	2016/7/24 20:18	2016/8/23 20:18	The problem of ms	https://www.kickst	105350477	US
5	technology/gadgets	3	25000	CAD	3	failed	Best Spray Bott	2015/2/6 0:57	2015/3/8 0:57	Ever had a spray b	https://www.kickst	1101368489	CA
6	technology/apps	11336	50000	CAD	19	canceled	Fishtacular - Th	2015/4/24 3:04	2015/5/26 3:04	Fishtacular is a ne	https://www.kickst	480166899	CA
7	technology/software	282	4000	EUR	12	failed	Gantish - Onlin	2015/8/17 22:37	2015/9/16 22:37	Taking the novelty	https://www.kickst	1511932511	IE
8	technology/web	25	15000	USD	1	failed	Sellegg start up	2016/3/2 10:13	2016/3/21 3:26	a simple and user f	https://www.kickst	967612940	US
9	technology/hardware	20	6000	USD	2	failed	Musical Light Su	2011/5/19 16:09	2011/6/28 16:09	A Musical Light Su	https://www.kickst	905994053	US
10	technology/flight	1355	8500	USD	4	failed	Hangar 1 Found	2014/9/4 2:40	2014/10/19 2:40	Seeking funding fo	https://www.kickst	1619263084	US
11	technology/hardware	268192	250000	USD	561	successful	ODIN: Android '	2014/5/28 20:54	2014/7/8 12:59	First Mobile Device	https://www.kickst	832648575	US
12	technology/makerspac	11601.5	129000	AUD	32	failed	VoxCube - 8x8	2016/3/2 8:15	2016/4/1 7:15	Connect VoxCube	https://www.kickst	2135028730	AU
13	technology/hardware	656	2000	CAD	18	failed	The Forever Re	2013/9/24 6:36	2013/10/24 6:36	This talking flashlig	https://www.kickst	172204344	CA
14	technology/software	47056.86	40000	GBP	3060	successful	VLC for the nev	2012/11/29 21:54	2012/12/29 21:54	VLC for Windows 8	https://www.kickst	1061646928	GB
15	technology/apps	56680	55000	MXN	24	successful	APP - CUSTOM	2016/11/19 12:05	2016/12/21 14:59	Propuesta de App	https://www.kickst	492830594	MX
16	technology/fabricatior	5000	5000	USD	57	successful	Student Operate	2012/6/11 20:55	2012/7/11 20:55	Completing this La	https://www.kickst	90895326	US
17	technology/hardware	107	3500	USD	7	failed	A New Omni-Wl	2016/5/25 23:19	2016/6/24 23:19	An omni wheel tha	https://www.kickst	2038625547	US
18	technology/software	7157	5500	GBP	184	successful	Inclusive Toolkit	2015/5/13 20:20	2015/6/13 10:00	The Inclusive Tool	https://www.kickst	2038926420	GB
19	technology/sound	227673	25000	USD	2278	successful	XPUMP | TURN	2016/9/6 17:00	2016/10/21 17:00	XPUMP unleashes	https://www.kickst	819767230	US
20	technology/apps	0	8500	USD	0	failed	Virtual Addictior	2015/4/29 23:49	2015/6/28 23:49	Help the addict tha	https://www.kickst	1036763577	US
21	technology/web	0	9000	USD	0	failed	College Spring E	2015/2/27 3:35	2015/3/29 2:35	The goal is to crea	https://www.kickst	252769456	US
22	technology/gadgets	5650	50000	USD	22	canceled	CLEX - 4 in 1 S	2016/6/14 5:56	2016/7/19 5:56	World's first - PC -	https://www.kickst	1206117568	US
23	technology/apps	0	500	USD	0	failed	Stamped	2015/11/23 23:36	2016/1/22 23:36	The idea is a new	https://www.kickst	774466193	US
24	technology/apps	0	1000	USD	0	failed	Croc2Pop - Wh	2014/7/22 4:25	2014/8/21 4:25	Croc2Pop is a cro	https://www.kickst	1403764871	US
25	technology/gadgets	970	1700000	GBP	4	canceled	MKP - The Sma	2015/4/23 5:40	2015/6/22 5:40	Master Keys Pro is	https://www.kickst	1028459198	GB
26	technology	17771	10000	USD	27	successful	LAZER EDGE Se	2016/3/9 7:50	2016/4/23 6:50	Lazer Edge - The	https://www.kickst	2112866462	US
27	technology/hardware	3877	15000	USD	34	failed	Smart Dive Bud	2014/6/26 14:50	2014/7/26 14:50	Smart Dive Buddy	https://www.kickst	1607113047	US
28	technology/web	410	18000	USD	4	failed	GoalZidia | Let's	2015/3/20 5:01	2015/4/24 5:01	What do you want	https://www.kickst	1653803405	US
29	technology/software	1	98000	USD	1	failed	FREE SUPERCC	2014/10/4 9:46	2014/11/11 16:44	HELP US BUILD T	https://www.kickst	1390235412	US
30	technology/diy electrc	23447	10000	USD	298	successful	Esquilo: Simple I	2015/5/11 22:52	2015/6/10 22:52	A development plat	https://www.kickst	398910642	US
31	technology/apps	895	45000	USD	71	failed	LDS Home Teac	2014/9/2 22:36	2014/10/17 22:36	Change the way hc	https://www.kickst	68769911	US
32	technology	41136.55	25000	USD	236	successful	Fritz: A Robotic	2013/4/1 12:25	2013/5/1 12:25	Fritz is a robotic pi	https://www.kickst	1591853389	US
33	technology/wearables	590	150000	USD	7	failed	Airlock bike helr	2017/1/3 0:55	2017/2/2 0:55	You can control hc	https://www.kickst	806337188	US
34	technology/diy electrc	3035	1000	CAD	88	successful	Turn your mess	2015/12/11 2:48	2016/2/9 2:48	A clean and profes	https://www.kickst	1807372651	CA
35	technology/apps	0	10000	USD	0	failed	Write my Estima	2015/9/29 7:32	2015/11/28 8:32	This will allow cont	https://www.kickst	976313294	US
36	technology/hardware	31275.6	25000	USD	426	successful	SparkLab: the e	2012/2/22 10:22	2012/3/24 13:00	A big red truck fille	https://www.kickst	107975578	US
37	technology/camera ec	16998	8500	USD	135	successful	Phochron XA Fi	2016/10/19 5:40	2016/11/18 6:40	A quick and accura	https://www.kickst	870664678	US
38	technology/software	5	7000	USD	1	live	How safe is you	2017/2/11 8:19	2017/3/13 7:19	Ingreenients the r	https://www.kickst	1959656903	US
39	technology/camera ec	5043	20000	USD	10	failed	Seeker Aerial Vi	2014/10/21 22:54	2014/11/20 23:54	Seeker Copters an	https://www.kickst	1264623651	US
40	technology/apps	50	150000	USD	1	failed	Quikceipt! Pape	2014/8/2 3:55	2014/9/1 3:55	Quikceipt! is a clou	https://www.kickst	597002994	US
41	technology/gadgets	6672	5000	CAD	115	canceled	Spycup turns yc	2015/11/20 1:26	2015/12/20 1:26	Spycup gives you t	https://www.kickst	1726276143	CA
42	technology	14990.5	40000	USD	43	live	Long Range MU	2017/2/15 1:03	2017/3/21 11:00	Serious GPS track	https://www.kickst	1833625517	US
43	technology/web	0	5000	GBP	0	failed	New Social Net	2014/10/16 7:10	2014/11/15 8:10	The project is simp	https://www.kickst	1848731613	GB
44	technology/diy electrc	0	5000	USD	0	canceled	PS Pi (Canceled	2017/2/28 14:54	2017/3/30 13:54	A Raspberry Pi insi	https://www.kickst	251383632	US
45	technology/gadgets	396299	30000	USD	2412	successful	RinseKit: The R	2016/5/5 2:27	2016/6/4 2:27	RinseKit convenie	https://www.kickst	639200048	US
46	technology/apps	0	4860	USD	0	failed	Knot App	2016/3/9 11:38	2016/4/8 10:38	Buy and sell locally	https://www.kickst	395986255	US
47	technology	21613.47	20000	USD	292	successful	Air Air ™ Portabl	2013/9/3 22:26	2013/10/20 22:26	Air Air is a portable	https://www.kickst	1886143677	US
48	technology/apps	7	4000	USD	3	failed	Pocket Parking	2015/2/12 1:46	2015/2/27 1:46	Pocket Parking Me	https://www.kickst	122890751	US
49	technology/camera ec	30126	9000	USD	164	successful	Underwater IP9	2016/10/14 5:24	2016/11/16 4:50	Vyu360 4K VR 36	https://www.kickst	320566680	US

圖 8-1 瀏覽原始資料

從 predged（募集金額）與 goal（目標金額）加入達成率欄位，從 backers_count（贊助者人數）加入每人平均贊助（Back）金額欄位。雖然可在篩選資料的時候計算，但筆者是在 Excel 計算。

第一步先以降冪的方式排序達成率，再試著繪製成圖表。

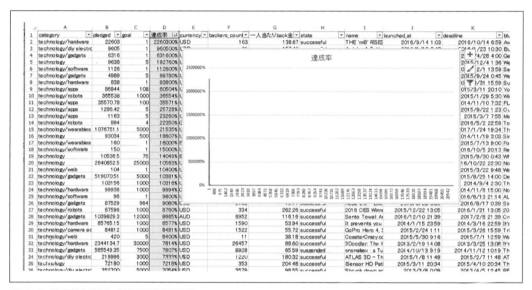

圖 8-2 降冪排序達成率再繪製圖表

由於有人將目標金額設定為 1 美元，所以圖表看起來很奇怪。請試著將直軸的上限設定為 500%。

	A	B	C	D	E	F	G	H	I	J	K
1	category	pledged	goal	達成率	currency	backers_count	一人当たりback金	state	name	launched_st	deadline	blu
2	technology/hardware	22603	1	2260300%	USD	163	138.67	successful	THE 'miB" RISES	2016/9/14 1:03	2016/10/14 6:59	Aw
3	technology/diy electro	9605	1	960500%	USD	61	157.46	successful	Arduino IoT Hn	2016/4/13 2:48	2015/4/28 4:00	Ge
4	technology/gadgets	6316	1	631600%	U						2015/12/4 1:36	We
5	technology	9638	5	192760%	U						2015/12/1 13:59	Sav
6	technology/software	1126	1	112600%	U						2015/9/24 0:45	We
7	technology/gadgets	4989	5	99780%	U						2014/3/31 15:59	Sup
8	technology/hardware	838	1	83800%	U						2015/3/11 20:10	Yoi
9	technology/apps	86944	108	80504%	U						2015/1/29 5:30	Win
10	technology/robots	365538	1000	36554%	U						2014/11/10 7:32	FLI
11	technology/apps	35570.78	100	35571%	U						2015/9/22 1:23	Oui
12	technology/apps	1286.42	5	25728%	U						2015/3/7 7:55	Mal
13	technology/apps	1163	5	23260%	U						2016/5/2 22:59	Top
14	technology/robots	894	4	22350%	U						2017/1/24 19:34	The
15	technology/wearables	1076751.1	5000	21535%	U						2014/11/19 3:03	Sim
16	technology	93094	500	18607%	U						2015/7/13 9:00	Fok
17	technology/wearables	160	1	16000%	E						2016/10/5 20:13	Re
18	technology/software	150	1	15000%	U						2015/9/30 0:43	Wh
19	technology	10536.5	75	14049%	E						2016/6/10/22 22:30	No
20	technology	2640652.5	25000	10563%	U						2015/8/25 14:00	De
21	technology/web	104	1	10400%	U						2015/8/25 14:00	De
22	technology/gadgets	51907.51	5000	10381%	U						2014/11/6 15:00	No
23	technology	103156	1000	10316%	U						2016/6/13 21:14	ALi
24	technology/hardware	99938	1000	9994%	U						2016/8/17 0:39	Sim
25	technology/software	96	1	9600%	U							
26	technology/gadgets	87529	964	9080%	USD	9766	19.17	successful	Nupir 2.0 ~ Live	2016/0/8 25 0:39		
27	technology/robots	87596	1000	8760%	USD	334	262.26	successful	2016 CES Winn	2015/12/22 13:05	2016/1/21 13:05	201
28	technology/gadgets	1039829.3	12000	8665%	AUD	8952	116.16	successful	Sento Towel: A	2016/12/10 21:39	2017/2/8 21:39	Cre
29	technology/hardware	85765.15	1000	8577%	USD	1590	53.94	successful	It prevents you	2014/1/15 23:59	2014/3/16 22:59	It's
30	technology/camera eq	84812	1000	8481%	USD	1522	55.72	successful	GoPro Hero 4, 3	2015/2/24 1:11	2015/3/26 15:59	Tri
31	technology/web	420	5	8400%	USD	11	38.18	successful	CoasterCrazy.co	2015/5/30 9:16	2015/7/1 12:59	We
32	technology/hardware	2344134.7	30000	7814%	USD	26457	88.60	successful	3Doodler: The V	2013/2/19 14:08	2013/3/25 13:08	It's
33	technology/gadgets	585549.35	7500	7807%	USD	8928	65.59	suspended	anonabox : a To	2014/10/13 9:19	2014/11/12 10:19	Thi
34	technology/diy electro	219996	3000	7333%	USD	1220	180.32	successful	ATLAS 3D - ATI	2015/1/8 11:48	2015/2/7 11:48	ATI
35	technology	72180	1000	7218%	USD	353	204.48	successful	iSensor HD Pat	2015/3/11 20:34	2015/4/10 20:34	The
36	technology/diy electro	352700	5000	7054%	USD	3579	98.55	successful	Shrunk down ar	2013/3/8 0:09	2015/4/5 12:45	RF
37	technology/gadgets	1823207.6	24000	7010%	USD	28139	64.80	successful	The Eureka Na	2016/11/17 0:21	2017/1/6 0:21	A

圖 8-3　直軸上限設定為 500%

如此一來，100% 的位置會出現謎樣的拐點。這是 Kickstarter 的效果嗎？觀察達成率的座標軸應該會有所發現。

接著利用 state 篩選，比較結束的專案與結束前的專案。

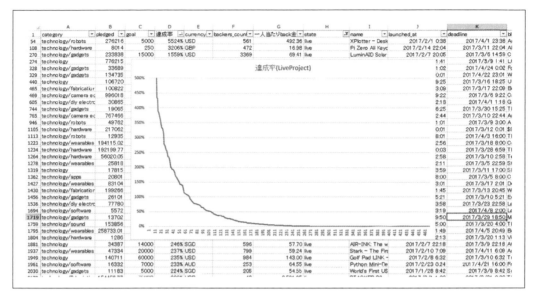

圖 8-4　結束前的專案的達成率分佈

看來在 state 未到達 Live 的截止日期之前的案件，不會出現這個拐點。這也讓我們知道，這個拐點只會在專案結束之前出現。可能的理由如下：

- Kickstarter 會在首頁介紹快要結束的專案
  - 雖然是為了在快要結束時促成贊助，但是無法作為在 100% 附近出現拐點的理由
- 在專案快要結束前，讓專案負責人努力宣傳
- 讓自己人最後助一臂之力
- 讓想要搭順風車的人贊助快要達成的專案
- 有些人想嘗一嘗最後助一臂之力的快感

8.5 利用樞紐分析表從各角度分析

以達成率繪製座標軸，就能看到許多內容，所以讓我們以達成率為基準，使用樞紐分析表觀察資料。此外，接下來的部分會排除 state 為 Live 的資料，只以結束的專案為對象。再者，若是計算與金額有關的部分，會為了方便計算平均值，只將範圍限縮在美元的專案。

筆者很喜歡使用 Excel 的色階功能製作熱圖。但因為本書採用黑白印刷的關係，您只能看到單色的圖表，還請大家多多見諒。

首先以達成率作為直軸，算出件數、件數比率、平均 Back 金額與平均 Back 件數。

	A	B	C	D	E
1	state	（複数のアイテム）			
2					
3	達成率	件数	件数（比率）	平均Back金額	平均Back件数
4	0-0.1	12445	59.4%	49	7
5	0.1-0.2	1246	6.0%	171	46
6	0.2-0.3	689	3.3%	217	66
7	0.3-0.4	435	2.1%	178	100
8	0.4-0.5	315	1.5%	184	128
9	0.5-0.6	234	1.1%	236	148
10	0.6-0.7	138	0.7%	225	157
11	0.7-0.8	98	0.5%	334	203
12	0.8-0.9	68	0.3%	294	145
13	0.9-1	27	0.1%	359	232
14	1-1.1	1146	5.5%	207	171
15	1.1-1.2	473	2.3%	189	288
16	1.2-1.3	325	1.6%	174	317
17	1.3-1.4	251	1.2%	183	329
18	1.4-1.5	187	0.9%	123	409
19	1.5-1.6	179	0.9%	208	546
20	1.6-1.7	144	0.7%	176	425
21	1.7-1.8	138	0.7%	209	386
22	1.8-1.9	104	0.5%	195	412
23	1.9-2	96	0.5%	168	475
24	>2	2198	10.5%	194	1406
25	総計	20936	100.00%	108	208

圖 8-5 以達成率製作直軸再比較

客單價一高，瀕臨失敗的情況就變多。平均 Back 金額為 200 美元上下時，成功機率似乎比較高，所以讓我們利用平均 Back 金額的座標軸比較。

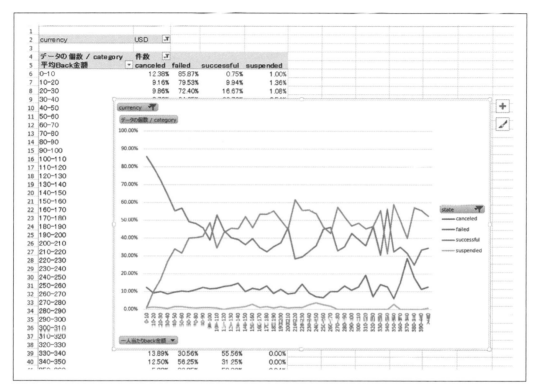

圖 8-6 以平均 Back 金額比較

以平均 Back 金額的座標軸比較後，發現平均 Back 金額較低的專案容易失敗。不過，從平均 Back 金額的座標軸來看，也找不到專案的成功率因為平均 Back 金額較高而下降的例子。

接著讓我們比較達成率與年度的座標軸。以年度計算，就能了解圖表的時序變化，也能看出年度傾向的差異。

要以 Excel 的樞紐分析表計算年度資料，可在座標軸設定日期欄位再替日期設定群組，就能建立年、月、日這些日期群組。這次要利用 Excel 功能轉換成年度這些資料。

	A	B	C	D	E	F	G	H	I	J
1	state	（複数のアイテム）								
2	currency	USD								
3										
4	件数	列ラベル								
5	達成率	2009年	2010年	2011年	2012年	2013年	2014年	2015年	2016年	2017年
6	0-0.1	28	99	101	127	315	2167	3296	1884	101
7	0.1-0.2	5	16	16	38	85	225	254	212	7
8	0.2-0.3	1	4	13	20	49	134	162	95	4
9	0.3-0.4		4	6	15	33	96	91	71	2
10	0.4-0.5	1	3	3	14	24	47	69	37	4
11	0.5-0.6		1	4	8	15	32	52	39	2
12	0.6-0.7		2		3	10	26	30	20	1
13	0.7-0.8		2	1	1	5	18	26	14	1
14	0.8-0.9			1	1	4	9	11	15	4
15	0.9-1			1		1	6	4	8	
16	1-1.1	9	18	22	48	95	186	257	201	13
17	1.1-1.2	2	11	17	24	39	77	102	78	7
18	1.2-1.3		4	9	18	36	56	70	45	4
19	1.3-1.4	1	2	8	11	35	41	48	39	3
20	1.4-1.5	1	4	5	9	23	24	33	30	4
21	1.5-1.6	1	3	2	11	19	28	39	30	
22	1.6-1.7		3	8	9	15	23	28	21	1
23	1.7-1.8	1	1	3	9	18	24	30	20	
24	1.8-1.9			1	7	11	23	23	14	3
25	1.9-2			2	5	15	17	15	15	
26	>2	1	8	51	136	235	364	466	403	22
27	総計	51	185	274	514	1082	3623	5106	3291	183
28										
29	state	（複数のアイテム）								
30	currency	USD								
31										
32	件数	列ラベル								
33	達成率	2009年	2010年	2011年	2012年	2013年	2014年	2015年	2016年	2017年
34	0-0.1	55%	54%	37%	25%	29%	60%	65%	57%	55%
35	0.1-0.2	9.8%	8.6%	5.8%	7.4%	7.9%	6.2%	5.0%	6.4%	3.8%
36	0.2-0.3	2.0%	2.2%	4.7%	3.9%	4.5%	3.7%	3.2%	2.9%	2.2%
37	0.3-0.4	0.0%	2.2%	2.2%	2.9%	3.0%	2.6%	1.8%	2.2%	1.1%
38	0.4-0.5	2.0%	1.6%	1.1%	2.7%	2.2%	1.3%	1.4%	1.1%	2.2%
39	0.5-0.6	0.0%	0.5%	1.5%	1.6%	1.4%	0.8%	1.0%	1.2%	1.1%
40	0.6-0.7	0.0%	1.1%	0.0%	0.6%	0.9%	0.7%	0.6%	0.6%	0.5%
41	0.7-0.8	0.0%	1.1%	0.4%	0.2%	0.5%	0.5%	0.5%	0.4%	0.5%
42	0.8-0.9	0.0%	0.0%	0.4%	0.2%	0.4%	0.2%	0.2%	0.5%	2.2%
43	0.9-1	0.0%	0.0%	0.4%	0.0%	0.1%	0.2%	0.1%	0.2%	0.0%
44	1-1.1	17.6%	9.7%	8.0%	9.3%	8.8%	5.1%	5.0%	6.1%	7.1%
45	1.1-1.2	3.9%	5.9%	6.2%	4.7%	3.6%	2.1%	2.0%	2.4%	3.8%
46	1.2-1.3	0.0%	2.2%	3.3%	3.5%	3.3%	1.5%	1.4%	1.4%	2.2%
47	1.3-1.4	2.0%	1.1%	2.9%	2.1%	3.2%	1.1%	0.9%	1.2%	1.6%
48	1.4-1.5	2.0%	2.2%	1.8%	1.8%	2.1%	0.7%	0.6%	0.9%	2.2%
49	1.5-1.6	2.0%	1.6%	0.7%	2.1%	1.8%	0.8%	0.8%	0.9%	0.0%
50	1.6-1.7	0.0%	1.6%	2.9%	1.8%	1.4%	0.6%	0.5%	0.6%	0.5%
51	1.7-1.8	2.0%	0.5%	1.1%	1.8%	1.7%	0.7%	0.6%	0.6%	0.0%
52	1.8-1.9	0.0%	0.0%	0.4%	1.4%	1.0%	0.6%	0.5%	0.4%	1.6%
53	1.9-2	0.0%	0.0%	0.7%	1.0%	1.4%	0.5%	0.3%	0.5%	0.0%
54	>2	2.0%	4.3%	18.6%	26.5%	21.7%	10.0%	9.1%	12.2%	12.0%
55	総計	100.00%	100.00%	100.00%	100.00%	100.00%	100.00%	100.00%	100.00%	100.00%
56										

圖 8-7 比較達成率與年度的座標軸

看來，2011 年之前、2011 年到 2013 年、2014 年之後的傾向不同。件數與成功率都有很大的變化，這可能是因為 KickStarter 的營業方針調整所導致。

此外，也可發現達成率 50% 到 100% 的案件非常少。2014 年之後，專案的達成率不是低空飛過，就是超過 200% 以上的大成功。

接著要計算專案的目標金額與達成率。專案的目標金額分佈是對數規模，所以要轉換成對數軸再計算。Excel 的樞紐分析表無法計算對數分佈的表格，此時手動新增項目。若要在 Excel 計算，可追加 `=10^int(log10(c2))` 的欄位。不用想也知道，目標金額較低的專案，目標達成率也比較高。話說回來，好像沒什麼特別奇怪的傾向。

currency	USD							
件数	列ラベル							
行ラベル	1	10	100	1,000	10,000	100,000	1,000,000	総計
0-0.1	9.09%	32.56%	36.83%	51.46%	57.38%	70.52%	86.15%	56.73%
0.1-0.2	0.00%	4.65%	5.33%	5.91%	6.57%	4.55%	0.00%	6.02%
0.2-0.3	0.00%	6.98%	3.39%	3.89%	3.37%	2.41%	0.00%	3.37%
0.3-0.4	0.00%	2.33%	2.75%	2.20%	2.37%	1.77%	0.96%	2.25%
0.4-0.5	0.00%	0.00%	1.62%	1.51%	1.51%	0.86%	0.96%	1.42%
0.5-0.6	0.00%	0.00%	1.94%	1.00%	1.07%	1.23%	0.00%	1.10%
0.6-0.7	0.00%	0.00%	0.81%	0.56%	0.71%	0.59%	0.00%	0.65%
0.7-0.8	0.00%	0.00%	0.16%	0.59%	0.55%	0.48%	0.00%	0.53%
0.0-0.9	0.00%	0.00%	0.32%	0.46%	0.20%	0.21%	0.00%	0.32%
0.9-1	0.00%	0.00%	0.00%	0.08%	0.20%	0.16%	0.00%	0.15%
1-1.1	0.00%	2.33%	7.75%	8.06%	5.35%	3.37%	0.00%	5.87%
1.1-1.2	0.00%	9.30%	2.75%	2.69%	2.44%	1.98%	0.00%	2.46%
1.2-1.3	0.00%	2.33%	3.07%	1.41%	1.84%	1.12%	0.00%	1.67%
1.3-1.4	0.00%	2.33%	1.29%	1.51%	1.31%	0.80%	0.00%	1.29%
1.4-1.5	0.00%	2.33%	1.62%	1.18%	0.89%	0.54%	0.00%	0.95%
1.5-1.6	0.00%	2.33%	1.29%	0.87%	0.94%	0.86%	0.96%	0.93%
1.6-1.7	0.00%	0.00%	0.81%	1.02%	0.69%	0.54%	0.00%	0.76%
1.7-1.8	0.00%	2.33%	0.97%	0.77%	0.72%	0.59%	0.00%	0.73%
1.8-1.9	0.00%	0.00%	1.29%	0.67%	0.54%	0.37%	0.00%	0.58%
1.9-2	0.00%	0.00%	1.62%	0.84%	0.30%	0.32%	0.00%	0.50%
>2	90.91%	30.23%	24.39%	13.31%	10.96%	6.74%	0.96%	11.73%
総計	100.00%	100.00%	100.00%	100.00%	100.00%	100.00%	100.00%	100.00%
失敗率	9.09%	46.51%	53.15%	67.67%	74.03%	82.77%	98.08%	72.55%
成功率	90.91%	53.49%	46.85%	32.33%	25.97%	17.23%	1.92%	27.45%

圖 8-8 目標金額與達成率

接著以目標金額與專案狀況觀察。

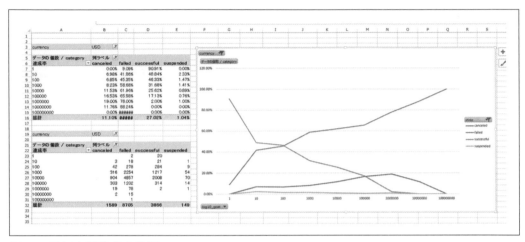

圖 8-9　目標金額與專案狀況

隨著目標金額上升，失敗率也跟著上升。這張圖表看起來就簡潔多了。觀察資料後會
發現，有些專案明明已到達目標金額，卻還是會取消。這部分的資料很有趣，讓我們
進一步了解看看。

第一步，先將年度資料與取消件數轉換成視覺資料。令人玩味的是，從 2014 年之
後，目標金額達成卻取消的專案增加了。接著讓我們實際了解這些取消的專案。

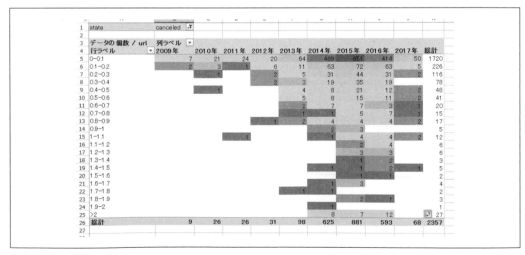

圖 8-10　取消的專案

8.6 觀察目標金額達成卻取消的專案

AnyTouch Blue[4] 是插入 USB 埠，讓智慧型手機與藍牙連接，藉此將智慧型手機當成虛擬鍵盤或虛擬滑鼠的產品。目標金額為 20,000 美元，實際募集金額接近 3 萬美元，但是專案卻取消了，然後以目標金額 5,000 美元重新啟動專案（2017 年 3 月的資料）。

這個重新啟動的專案[5] 將最低 Back 金額從 18 美元降至 16 美元。撰寫本書時，目標金額為 5,000 美元，實際募集金額超過 2 萬美元，所以這個專案也確定成功了。

比較這兩個專案之後，差異最明顯的部分就是顧客單價。取消的專案的顧客單價為 29,763[美元]/235[Backer]=126[美元 /Backer]，但是新啟動的專案卻是 21,189[美元]/449[Backer]=47[美元 /Backer]。

圖 8-11 取消的 AnyTouch Blue 專案的頁面

---

4 https://www.kickstarter.com/projects/2094324441/anytouch-blue-smart-keyboard-and-mouse-usb-dongle/

5 https://www.kickstarter.com/projects/2094324441/anytouch-blue-smart-keyboard-and-mouse-usb-dongler

在取消的專案裡，500 個商品與贊助 9000 美元的選項有 2 個人申請，而在新啟動的專案裡，申請 8000 美元選項的人減至 1 人。

恐怕這是因為 Kickstarter 會收取 8% 手續費[6]，導致大客戶直接與開發者交易所導致。由於第二次募集時，已經沒有大客戶，所以目標金額也調降至 5000 美元。

Kickstarter 似乎具有建立大筆金額的選項後，開發者就能與批發業者這類大客戶建立溝通管道的特徵。再加上與批發業者交易時，通常會基於提升彼此營業利益率而採取直接交易，藉此規避 Kickstarter 的手續費。

此外，這個專案在 indiegogo 募集資金[7]，成功出貨之後，訂了更大的目標，然後在 Kickstarter 募集資金。在 indiegogo 募資時，目標金額只有 500 美元，最終也募得了 17,05 美元。而在 Kickstarter 募資時，卻完全隱瞞在 indiegogo 成功募資的過去，由此可以發現，群眾募資已逐漸轉變成商品流通管道。

這個專案雖然是因為有大客戶而選擇重新啟動，但也可以想成是利用達成率 100% 附近的拐點的專案重新啟動。舉例來說，第一次從較低的目標金額開始募集，看看能募集多少 Backer 之後，得到「募集到比想像多的 Backer，所以可透過量產壓低價錢」的結果，接著提高目標金額，重新啟動專案，巧妙地利用目標金額附近的拐點，得到最大募資效果，藉此得到更多贊助。

6　https://www.kickstarter.com/help/fees?country=US

7　https://www.indiegogo.com/projects/anytouch-blue-android-bluetooth#/

8.7 觀察各國情況

デ・タの個数 / url	列ラベル					
行ラベル	canceled	failed	live	successful	suspended	総計
US	1589	9705	276	3866	149	14585
GB	255	1324	35	423	26	2063
CA	142	813	33	237	16	1241
AU	88	561	20	124	19	812
DE	44	276	21	96	4	441
NL	39	291	4	79	6	419
FR	51	243	13	83	2	392
IT	36	241	12	31	2	322
ES	15	169	8	21	4	217
DK	16	102	4	22		144
NZ	12	90	4	27	3	136
SE	14	82	1	13		110
CH	12	66	3	22	1	104
IE	8	51		18	1	80
NO	11	58		7	1	77
AT	9	51	4	12		76
BE	7	51	2	5	2	67
HK	3	11	7	20	3	44
MX	5	17	14	7		43
SG	1	14	4	6		25
LU		4	1	1		6
総計	2357	13220	468	5120	239	21404

圖 8-12 各國的專案狀況（件數）

データの個数 / url	列ラベル					
行ラベル	canceled	failed	live	successful	suspended	総計
US	10.89%	59.69%	1.89%	26.51%	1.02%	100.00%
GB	12.36%	64.18%	1.70%	20.50%	1.26%	100.00%
CA	11.44%	65.51%	2.66%	19.10%	1.29%	100.00%
AU	10.84%	69.09%	2.46%	15.27%	2.34%	100.00%
DE	9.98%	62.59%	4.76%	21.77%	0.91%	100.00%
NL	9.31%	69.45%	0.95%	18.85%	1.43%	100.00%
FR	13.01%	61.99%	3.32%	21.17%	0.51%	100.00%
IT	11.18%	74.84%	3.73%	9.63%	0.62%	100.00%
ES	6.91%	77.88%	3.69%	9.68%	1.84%	100.00%
DK	11.11%	70.83%	2.78%	15.28%	0.00%	100.00%
NZ	8.82%	66.18%	2.94%	19.85%	2.21%	100.00%
SE	12.73%	74.55%	0.91%	11.82%	0.00%	100.00%
CH	11.54%	63.46%	2.88%	21.15%	0.96%	100.00%
IE	10.00%	63.75%	2.50%	22.50%	1.25%	100.00%
NO	14.29%	75.32%	0.00%	9.09%	1.30%	100.00%
AT	11.84%	67.11%	5.26%	15.79%	0.00%	100.00%
BE	10.45%	76.12%	2.99%	7.46%	2.99%	100.00%
HK	6.82%	25.00%	15.91%	45.45%	6.82%	100.00%
MX	11.63%	39.53%	32.56%	16.28%	0.00%	100.00%
SG	4.00%	56.00%	16.00%	24.00%	0.00%	100.00%
LU	0.00%	66.67%	16.67%	16.67%	0.00%	100.00%
総計	11.01%	61.76%	2.19%	23.92%	1.12%	100.00%

圖 8-13 各國的專案狀況（比率）

推出越多專案的國家越容易成功。越是使用英語的國家,越容易成功。似乎可從資料看出這個傾向。這或許是因為 Kickstarter 是英文網站,所以會出現這個傾向也是無可厚非。或許說成各語言圈有自己的群眾募資網站才是正確的。

接著以年度觀察各國的專案數。

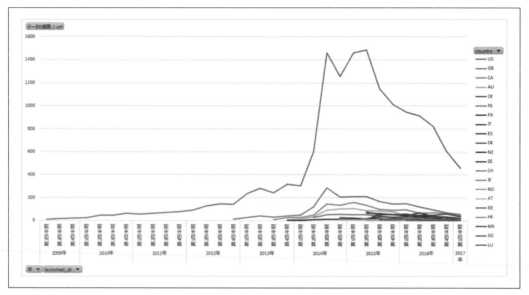

圖 8-14　各國的專案數

從 2015 年之後走向國際,第一步先進軍英語圈,後續則進攻歐洲市場。此外,可發現 2015 年第三季之後,專案數量持續減少。這或許是受到其他新設的群眾募資影響吧?總之 Kickstarter(僅止於 Technology 分類)業績下滑是件很有趣的事。

 沒有實際觀察其他群眾募資服務的資料,其實無法斷言任何事情,有可能顧客投奔其他群眾募資服務,也有可能是因為其他分類的專案變多。

8.8　製作報表

在收集需要的資料之後，接下來要製作報表。這次預設的是「上司要求分析 KickStarter，所以先收集與分析資料再向上司報告」的場景。部分的圖表是在製作資料的過程中繪製的。

此外，利用機器學習進行資料探勘的部分，則預定是先根據下列的報表分析，再決定今後要如何進行。

Kickstarter 的統計分析

中山 tokoroten

資料收集

- 使用 Kickstarter 的 API 收集的資料
  - Technology 分類的專案：21404 件
  - 資料收集日期：2017/03/04

- 資料收集方式
  - 利用 Kickstarter 的非公開 API 收集 json 資料
    - 一般搜尋
      - https://www.kickstarter.com/projects/search?term-3d+printer
    - 非公開 API
      - https://www.kickstarter.com/projcets/search.json?term=3d+printer
  - 程式碼
    - https://github.com/oreilly-japan/ml-at-work/tree/master/chap08
    - 備註：API 只能傳回 4000 筆資料，所以指定 Technology 分類的子分類，藉此限縮搜尋件數，並以最新到最舊的順序收集資料
  - 資料有可能闕漏
    - 以下列的網址搜尋 Technology 標籤的整體資料，發現資料有 27000 筆，代表資料有可能闕漏
    - https://www.kickstarter.com/projects/search.json?term=&category_id=16

資料闕漏的問題

- 從分類與年度資料可得知，apps 分類可能有資料闕漏的問題
  - 搜尋順序為 Newest，所以時序統計分析的部分應沒問題。之後利用時序分析時，會排除 apps 分類

データの個数 / category カテゴリー	年度 2009年	2010年	2011年	2012年	2013年	2014年	2015年	2016年	2017年	総計
technology	2	6	44	102	172	201	221	224	45	1017
technology/3d printing					35	148	243	142	12	580
technology/apps		2	3	5	5	968	1842	1066	121	4012
technology/camera equipment			2	3	15	70	114	112	22	338
technology/diy electronics		1	4	15	24	195	256	218	33	746
technology/fabrication tools		1	5	2	2	45	77	64	11	207
technology/flight			1	6	7	99	166	87	10	376
technology/gadgets				6	10	480	977	773	126	2372
technology/hardware	9	49	101	199	697	829	742	559	79	3264
technology/makerspaces			1	2	3	38	94	55	11	204
technology/robots		1	8	21	15	118	179	116	24	482
technology/software	40	124	95	142	260	633	771	512	76	2653
technology/sound			5	11	11	103	188	192	33	543
technology/space exploration		1	5	15	10	65	94	72	12	274
technology/wearables					6	217	350	359	49	981
technology/web					7	944	1505	792	107	3355
総計	51	185	274	529	1279	5153	7819	5343	771	21404

專案數的趨勢

- 專案從 2015 年第二季開始下滑
  - 有可能是使用者使用了其他的群眾募資
  - 專案流往 Kickstarter 其他分類
  - 只調查美元這個貨幣的分類也具有相同傾向，代表國外案件並非增加

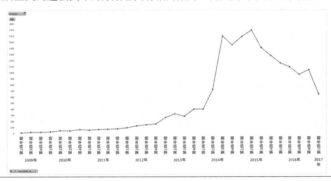

累計募資金額、成功專案數的趨勢

- 成功專案、募資案（僅限 USD 的專案）走勢趨緩
  - 無法斷言 Kickstarter 有規模縮小的趨勢
  - 成功率較低的專案似乎集中在 2014 年

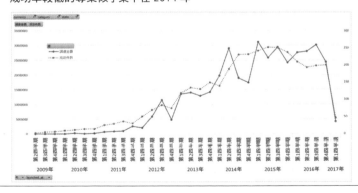

達成率的拐點

- 達成率 = 募資金額／目標金額
  - 依序排列達成率的資料，繪製視覺資料（直軸：達成率）
  - 達成率 100% 的附近出現拐點

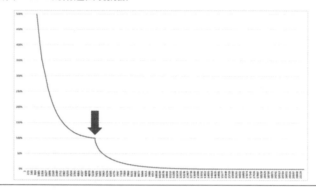

拐點會在結束的專案處出現

- 限針對募資中的專案計算達成率
  - 100% 附近的拐點消失
  - 拐點只在專案快結束時出現

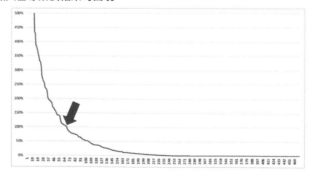

各年度達成率分佈

- 篩選條件
  - 排除正在募資的專案
  - 是年度分析，所以排除 apps 分類
- 從達成率的狀況發現有三個不同的傾向
  - 2010 年之前、2011 ～ 2013 年、2014 年之後

| state | (複数のアイテム) | | | | | | | | | |
| category | (複数のアイテム) | | | | | | | | | |

個数 達成率	2009年	2010年	2011年	2012年	2013年	2014年	2015年	2016年	2017年	総計
0-0.1	28	99	101	130	376	2417	3694	2269	167	9211
0.1-0.2	9	16	16	38	93	271	311	302	13	1069
0.2-0.3	1	4	13	21	61	164	183	140	9	606
0.3-0.4		4	5	15	40	109	123	95	3	395
0.4-0.5	1	3	3	16	30	65	99	75		299
0.5-0.6		1	4	9	18	45	74	64	4	218
0.6-0.7		2		4	13	30	41	36	1	127
0.7-0.8		2	1	1	5	23	26	22	1	81
0.8-0.9			1	1	7	15	16	20	5	66
0.9-1			1		1	9	5	9		25
1-1.1	9	16	20	47	109	205	311	251	14	983
1.1-1.2	2	11	15	26	43	94	127	102	9	429
1.2-1.3		4	9	17	39	73	94	66	6	310
1.3-1.4	1	2	9	12	27	47	71	56	2	236
1.4-1.5	1	4	5	9	29	34	46	48	5	181
1.5-1.6	1	3	2	11	20	37	61	45		170
1.6-1.7	1		3	9	17	31	38	35	1	135
1.7-1.8	1		1	9	21	25	46	27	1	135
1.8-1.9			1	5	23	26	31	21	4	102
1.9-2			2	5	18	24	26	20		95
>2	1	8	51	139	290	439	615	571	40	2140
総計	61	183	271	524	1274	4165	5977	4277	292	17034

割合 達成率	2009年	2010年	2011年	2012年	2013年	2014年	2015年	2016年	2017年	総計
0-0.1	54.10%	54.10%	37.27%	24.81%	29.51%	58.75%	61.80%	53.05%	57.19%	54.07%
0.1-0.2	9.80%	8.74%	5.90%	7.25%	7.51%	6.48%	5.20%	7.06%	4.45%	6.28%
0.2-0.3	1.36%	2.18%	4.80%	4.01%	4.79%	3.93%	3.23%	3.27%	3.08%	3.56%
0.3-0.4	0.00%	2.19%	2.21%	2.86%	3.14%	2.60%	2.06%	2.22%	1.03%	2.32%
0.4-0.5	1.36%	1.64%	1.11%	3.05%	2.35%	1.56%	1.64%	1.75%	2.74%	1.76%
0.5-0.6	0.00%	0.55%	1.48%	1.53%	1.41%	1.08%	1.24%	1.50%	1.37%	1.28%
0.6-0.7	0.00%	1.09%	0.00%	0.76%	1.02%	0.72%	0.69%	0.84%	0.34%	0.75%
0.7-0.8	0.00%	1.09%	0.37%	0.19%	0.39%	0.55%	0.60%	0.54%	0.34%	0.48%
0.8-0.9	0.00%	0.00%	0.37%	0.19%	0.55%	0.36%	0.27%	0.47%	1.71%	0.39%
0.9-1	0.00%	0.00%	0.37%	0.00%	0.08%	0.22%	0.08%	0.21%	0.00%	0.15%
1-1.1	17.55%	8.74%	7.38%	8.97%	8.56%	4.92%	5.20%	5.87%	4.79%	5.77%
1.1-1.2	3.33%	6.01%	5.90%	4.96%	3.38%	2.25%	2.12%	2.38%	2.74%	2.52%
1.2-1.3	0.00%	2.19%	3.32%	3.24%	3.06%	1.74%	1.57%	1.59%	2.05%	1.82%
1.3-1.4	1.36%	1.09%	3.36%	2.29%	2.12%	1.13%	1.19%	0.68%	1.19%	1.39%
1.4-1.5	1.36%	2.19%	1.85%	1.72%	2.28%	0.81%	0.77%	1.12%	1.71%	1.06%
1.5-1.6	1.36%	1.64%	0.74%	2.10%	1.57%	0.88%	1.05%	1.05%	0.00%	1.00%
1.6-1.7	1.36%	0.00%	1.11%	1.72%	1.33%	0.74%	0.64%	0.82%	0.34%	0.79%
1.7-1.8	1.36%	0.55%	1.11%	1.72%	1.65%	0.60%	0.77%	0.63%	0.34%	0.79%
1.8-1.9	0.00%	0.00%	0.37%	1.34%	1.80%	0.62%	0.52%	0.49%	1.37%	0.60%
1.9-2	0.00%	0.00%	0.74%	0.95%	1.41%	0.57%	0.44%	0.47%	0.00%	0.56%
>2	1.36%	4.37%	18.81%	26.34%	22.76%	10.49%	10.29%	13.35%	13.70%	12.56%
総計	100.00%	100.00%	100.00%	100.00%	100.00%	100.00%	100.00%	100.00%	100.00%	100.00%

從達成率的分佈了解的事情

- 觀察到的事實
  - 達成率低於 10% 就結束的專案有 54%
  - 達成率介於 50% 到 100% 就結束的專案只有 3%
  - 達成率介於 100% 到 110% 就結束的專案高達 5.7%
  - 達成率超過 200% 才結束的專案超過 12%
  - 達成率的拐點不會在募資中的專案出現
  - 從各年度的資料來看，不會看到達成率的拐點

- 專案可依照達成率分為三大類
  - 達成率低於 50%　　　：典型的失敗專案
  - 達成率 50% ～ 200%　：快結束時被贊助的專案
  - 達成率超過 200%　　　：超級成功的專案

典型的失敗專案

- 達成率低於 10% 就結束的專案有 54%
  - 贊助者為 0 人的專案有 16.2%，低於 10 人的有 52%
  - 通常是自己人都未贊助，準備不足的專案
- 若想讓專案成功，至少得募集 100 位贊助者

割合 Backer人數	列ラベル canceled	failed	live	suspended	successful	総計
0	23.8%	20.7%	23.9%	18.8%	0.0%	16.2%
1	10.1%	14.3%	12.2%	10.0%	0.1%	10.4%
2	6.0%	9.8%	6.8%	4.2%	0.3%	7.0%
3	4.3%	6.5%	3.2%	3.3%	0.3%	4.7%
4	3.7%	4.9%	2.8%	4.6%	0.3%	3.6%
5~10	12.4%	14.7%	7.3%	4.6%	1.5%	11.0%
11~20	8.7%	9.6%	7.7%	10.0%	4.6%	8.3%
21~100	20.9%	14.8%	18.6%	20.9%	25.1%	18.1%
100~	9.9%	4.7%	17.5%	23.4%	67.8%	20.8%
総計	100.00%	100.00%	100.00%	100.00%	100.00%	100.00%

快結束時被贊助的專案

- 專案快結束時，透過宣傳活動增加贊助者
  - 專案成員不斷地積極宣傳
  - Kickstarter 會在首頁介紹快結束的專案
    - 不過，這不能作為達成率 100% 出現拐點的理由

- 有些人傾向最後助一臂之力
  - 專案成員自掏腰包，讓專案得以成功
  - 想一嘗「是我讓專案成功」的人
    - 有些人喜歡讓專案成功的參與感
    - 能體驗難得的最後裁決權
  - 把群眾募資當成遊戲享受的人
    - 把群眾募資當成「不知道會不會成功的遊戲」，然後專案的達成率已達 90%，勝率很高的時候贊助是合理的投資
    - 討厭自己贊助的專案失敗，所以不贊助達成率較低的專案
    - 達成率超過 100%，肯定會成功時，就失去遊戲的趣味性，所以不贊助

差點成功的專案

- 達成率介於 70% ~ 100% 的專案的平均贊助金額超過 250 美元
- 低空飛過的專案的平均贊助金額低於 200 美元
- 贊助選項的設計是成功的關鍵

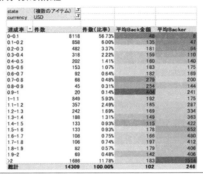

state	(複数のアイテム)			
currency	USD			
達成率	件數	件數(比率)	平均Back金額	平均Backer
0-0.1	8118	56.73%	48	8
0.1-0.2	858	6.00%	135	47
0.2-0.3	482	3.37%	181	64
0.3-0.4	318	2.22%	159	110
0.4-0.5	202	1.41%	160	140
0.5-0.6	153	1.07%	183	175
0.6-0.7	92	0.64%	182	169
0.7-0.8	68	0.48%	279	200
0.8-0.9	45	0.31%	254	144
0.9-1	20	0.14%	404	241
1-1.1	849	5.93%	192	175
1.1-1.2	357	2.49%	165	287
1.2-1.3	242	1.69%	169	334
1.3-1.4	188	1.31%	149	363
1.4-1.5	133	0.93%	115	422
1.5-1.6	133	0.93%	178	652
1.6-1.7	108	0.75%	166	480
1.7-1.8	106	0.74%	197	412
1.8-1.9	82	0.57%	179	406
1.9-2	69	0.48%	142	406
>2	1686	11.78%	183	1534
總計	14309	100.00%	102	246

為了統一平均贊助金額，只調查以美元贊助的專案

超級成功的專案

- 平均贊助金額沒有太大的變動
- 達成率基本上由平均贊助人數決定
- 專案並非有高額贊助者才成功

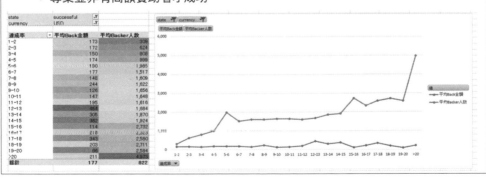

state	successful		
currency	USD		
達成率	平均Back金額	平均Backer人數	
1-2	173	809	
2-3	172	624	
3-4	150	808	
4-5	174	999	
5-6	190	1,985	
6-7	177	1,517	
7-8	148	1,609	
8-9	244	1,522	
9-10	126	1,656	
10-11	147	1,648	
11-12	195	1,616	
12-13	454	1,684	
13-14	305	1,870	
14-15	382	1,924	
15-16	114	2,732	
16-17	218	2,323	
17-18	349	2,580	
18-19	203	2,711	
19-20	86	2,584	
>20	211	4,873	
總計	177	822	

國家與專案成功的關係

- 英語是成功的關鍵
  - 美國比其他國家的成功率高（除了專案數較少的香港）
  - 英語圈、在羅曼語之中近似英語的法語與幾乎都講英語的小國也有很高的成功率
- 義大利、西班牙的羅曼語系的失敗率較高
  - 有些專案是以義大利語或西班牙語撰寫說明內容

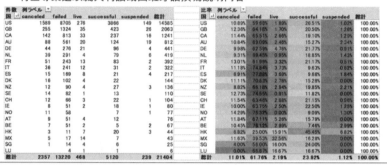

目標金額與成功率

- 目標金額越小，成功機率基本上都會大增

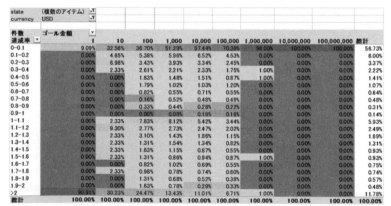

達成率與專案取消率

- 儘管達成率已超過 100%，卻自行取消專案的例子

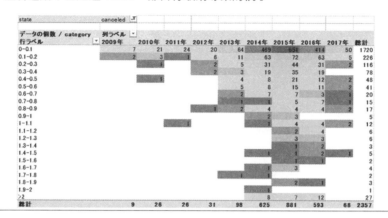

達成後取消的例子

- 向工廠下訂單之後，超過預算
  - 機器人、無人機之類的產品

- 為了修正價格而重新發起專案
  - 訂單數超乎預期，知道可透過量產的方式調降價錢
    - Weather Point 2.0　插入智慧型手機耳機孔的天氣感測器
    - AnyTouch Blue　將 USB 插入電腦後，將智慧型手機當成虛擬鍵盤或滑鼠使用的裝置
      - 這個專案在 indiegogo 募資成功後，改於 Kickstarter 出貨，代表群眾募資已成為商品流通網路之一，也是令人玩味的一點

- 因為意外而暫時無法推動專案
  - 安裝在 Dotlens smartphone microscope 智慧型手機的鏡頭
    - 美國德州爆發洪水，導致製造設備與庫存損壞
    - 之後重新啟動專案，也順利成功

總結

- Kickstarter 未衰退，只是趨緩
    - 有可被其他群眾募資服務或該國當地的群眾募資服務搶走顧客
    - 只調查 Technology 分類，有可能其他分類是呈上揚的趨勢

- 可在達成率 100% 附近的拐點驗證群眾募資的效果
    - 有些人習慣最後助一臂之力
        - 有可能專案相關人士自掏腰包
        - 有些人喜歡享受「是我促成的」這種感覺
        - 要在最後助一臂之力，就需要設計便宜的贊助選項

- 超級成功的專案基本上都是由大眾支持的專案
    - 將 Kickstarter 作為銷售管理的例子很多

在 Kickstarter 成功推動專案的祕訣

- 準備英語說明
    - 即使想搜尋進一步的資訊，卻只有母語的說明時，贊助者是不會贊助的

- 降低目標金額，提升成功機率
    - 將專案成功這件事當成宣傳材料
    - 專案獲得空前成功後，先取消專案再重新發起專案

- 啟動專案之前，至少先找到 10 個贊助者
    - 營造贊助熱絡的氣氛
    - 超過目標金額 30% 之後，覺得「這個專案有可能會成功」的人才會開始贊助

- 準備平價就能得到報酬的贊助選項
    - 準備 10 美元就能獲得報酬的平價贊助選項
    - 盡可能讓平均贊助金額低於 200 美元
    - 盡可能讓最後助一臂之力的贊助能以較低的金額進行

8.9 今後預定事項

大家覺得這些資料如何？雖然受限於版面，無法進行太過複雜的分析，但如果讀者有時間的話，也可進行下列的分析：

- 專案說明與成功率的關聯性
- 專案說明的標題與成功率的關聯性（說明該如何編排才容易讓贊助者接受）
- 團隊介紹與成功率的關聯性
  - 不瀏覽專案說明就無法瀏覽團隊介紹，所以需要採用自然語言處理
- 團隊人數與成功率的關聯性
  - 不剖析團隊介紹的資料，就無法得知團隊人數，所以需要採用自然語言處理
- 專案負責人的贊助經驗與成功率
  - 越是常使用 Kickstarter 的人，越能深入了解 Kickstarter 的文化，也越知道哪種專案比較容易成功
- 專案募資時期與成功率的關聯性
- 專案開始募資、結束募資的星期別與成功率的關聯性

與社群遊戲分析的關聯性

這次的分析使用了「達成率」這項指標，也以橫切面的方式分析不同目標金額、達成率的專案。其實這個手法就是社群遊戲的資料分析手法，假設有下列的社群活動：

- 收集活動紅點就能換到稀有卡片
- 收集的活動紅點在前 10 名的人就能換到 4 張稀有卡片
- 收集的活動紅點在前 100 名的人就能換到 3 張稀有卡片
- 收集的活動紅點在前 1000 名的人就能換到 2 張稀有卡片
- 收集的活動紅點在前 5000 名的人就能換到 1 張稀有卡片

在這類活動裡,排名與報酬都呈非連續性變化,所以活動紅點的分佈也是扭曲的。

知道自己為前 5,005 名的使用者會為了讓自己進入前 5000 名而努力,如此一來,原本是前 5000 名的使用者就會掉到 5001 名,此時這位使用者就會為了讓自己重返前 5000 名之內而努力。

為此,能否得到報酬的邊界會出現激烈的競爭,使用者會為了得到更多的活動紅點而願意付費給遊戲。使用排名系統的社群遊戲的業績會被這類報酬邊界位於何處而大受影響。

此外,在這種分析手法裡,稀有卡片的價值也由排名的課金額度計算。換言之,前 10 名的課金額度 =4 張超稀有卡片的價值,前 5000 名的課金額度 =1 張超稀有卡片的價值(實務通常會以每 50 名為單位,計算課金額度的平均值,藉此減少資料雜訊)。就某種程度而言,這等於是利用使用者拍賣稀有卡片。

如此一來,就能隨時計算稀有卡片的平均價值。社群遊戲總是逃不開通貨膨脹的宿命,卡片的價值也總是不斷下滑,所以測量卡片的平均價值,發現價值下滑至一定程度後,就有可能得發布更強的卡片。

8.10　本章總結

這次的分析,是使用達成率這項指標來分析 Kickstarter 專案。

一如 Kickstarter,在特別位置有非連續報酬的問題裡,將重點放在得到非連續報酬的位置就能有效分析。這世界充滿了這類拐點,只要以找到這類拐點,然後觀察在非連續報酬的部分到底發生了什麼現象,就會得到很有趣的結果。

像 Kickstarter 這類非連續性報酬全部都帶來正面影響的情況之餘，也有可能遇到年收 103 萬日圓[8]、130 萬日圓[9] 的問題。像這樣分析非連續性的位置，正是闖蕩商場的強力武器之一，學起來應該也不會有任何壞處吧。

8　扣除配偶所得，不用繳交所得稅又能扶養家人的年收入。一旦超過這個年收入，就得繳交所得稅，也沒有扶養家人的稅制優惠。從 2018 年開始，上修至 150 萬日圓。

9　脫離家人名下的健保，必須自行加入健保的年收入。

## 第九章

利用 Uplift Modeling 有效分配行銷資源

本章要介紹的是 Uplift Modeling 以及這項手法的使用方法。

Uplift Modeling 是在公共衛生統計與直接行銷使用機器學習的手法。這項手法可在**分析隨機對照試驗（Randomized Controlled Trial）**的資料之後，預測藥品對哪些患者有用，或是該對哪些顧客寄發廣告郵件才有效。

Uplift Modeling 的 Uplift 就是「提升」的意思。

隨機對照試驗就是所謂的 A/B 測試。將母體隨機分成**實驗組（Treatment Group）**與**控制組（Control Group）**，再對實驗組進行實驗，控制組則什麼都不做。以新藥開發而言，就是給予實驗組新藥，控制組給予安慰劑。若以網路服務為例，就是對實驗組顯示新的橫幅廣告，控制組只顯示原本的橫幅廣告。

Uplift Modeling 與普通的 A/B 測試不同之處在於不單單測量有無反應，還調查實驗組與控制組的樣本是具有哪些特徵值，才產生反應或是不會產生反應，然後預測某個樣本會因為實驗而產生什麼反應。如此一來，就能針對有可能產生效果的對象實驗，也能排除有可能出現反效果的對象。

以醫療為例，將患者的年齡、性別、遺傳基因、生活習慣當成特徵值學習，就能只對新藥有效的患者投藥，也能不對會產生副作用的患者以及自然痊癒的患者投藥。如此一來，不僅能打造客製化的醫療服務，也能有效利用醫療資源。

有關 Uplift Modeling 的詳盡說明或實例，請參考《預測分析時代》的第 7 章「數字最具說服力」以及該書的參考文獻。

9.1 Uplift Modeling 的四象限

Uplift Modeling 可依照無介入行為就採取什麼行動以及有介入行為就採取什麼行動為軸心，將對象分成四種區隔（segment）。會採取什麼行動可由**會轉換（Conversion CV）**與不會轉換這兩種值思考。

表 9-1 Uplift Modeling 的四象限

無介入行為	有介入行為	分類	該採取的行動
不 CV	不會 CV	不感興趣	介入行為需耗費一定成本時，要減少介入行為
不 CV	會 CV	可說服	盡可能介入這個族群
會 CV	不會 CV	愛唱反調	絕對不該介入的族群
會 CV	會 CV	死忠支持	介入行為需耗費一定成本時，要減少介入行為

不感興趣的族群是不管有無介入，都不會轉換的類型。舉例來說，就算對過去三年沒有任何購買記錄的顧客發送廣告郵件，他們應該有很高的機率不會購買商品才對，此時可對這類顧客貼上休眠顧客的旗標，停止發送廣告郵件，藉此減少宣傳成本。

可說服的族群是有介入，才有機會轉換的類型，這也是最該利用 Uplift Modeling 發現的族群。例如對「數次造訪網站，與其他公司的網站比較價格，被價格弄得昏頭轉向」的顧客，就該寄送折價券，促使他們購買，藉此提升轉換率。

愛唱反調的族群是什麼都不做也會購買商品，一旦宣傳反而不購買商品的類型。舉例來說，在服飾店被店員關心時，立刻調頭就走的客人或是一被詢問還款狀況，就立刻提早還款的客人[1]就屬於這類族群。對這類族群宣傳反而會導致業績下滑，所以最好別畫蛇添足。

死忠支持的顧客則是不需要宣傳，也會購買的類型。舉例來說，給在超市櫃台前面排隊的客人折價券之後，這些客人的確會購買商品，但是業績卻不會因此上升，反而有可能因為打折而下滑。這種做法可得到良好的反應率，所以將反應率當成 KPI 的時候，通常會把這類顧客當成促銷對象，但是這些折價券或是廣告都是需要花費成本的，所以反而不該對這類顧客宣傳[2]。

9.2 相當於 A/B 測試強化版的 Uplift Modeling 的概要

接下來讓我們利用橫幅廣告的 A/B 測試為例，說明如何擴張 A/B 測試，實現 Uplift Modeling。

第一步，讓我們先想想網站的橫幅廣告的 A/B 測試。假設橫幅廣告 A 與 B 的反應率分別為 4.0% 與 5.0%。若是一般的 A/B 測試，只需要對所有使用者顯示橫幅廣告 B 即可。

表 9-2 A/B 測試的結果

顯示內容	橫幅廣告 A	橫幅廣告 B
反應率	4.0%	5.0%

1　銀行的利潤來自利息，顧客提早還款，代表利潤下滑。
2　不對死忠顧客宣傳這點也是行銷部門的工作。就算反應率不錯，一旦委由行銷廣告商發送廣告，就會連死忠顧客也收到廣告。

不過 Uplift Modeling 卻會連同每個顧客的特徵值一併運用。讓我們試著以顧客性別為軸，擴充 A/B 測試的結果吧。為了讓實驗單純一點，我們假設男女比率為 1:1。

表 9-3　以性別為軸擴充的 A/B 測試

反應率	橫幅廣告 A	橫幅廣告 B
男性	6.0%	2.0%
女性	2.0%	8.0%
平均	4.0%	5.0%

以性別為軸，觀察資料之後，可以發現對男性顯示橫幅廣告 A 有效，對女性的話，則是顯示橫幅廣告 B。若依此原則顯示橫幅廣告，應該可得到平均 7.0% 的反應率，比起 A/B 測試只顯示橫幅廣告 B 的情況，能得到更高的反應率。

如果用來分類的軸是性別這類名目尺度，那麼單憑人工就能完成分析，但是若要使用更多特徵值分析該呈現哪種橫幅廣告，就很難以人工分析，此時就輪到機器學習登場。

9.3　製作 Uplift Modeling 所需的資料集

Uplift Modeling 沒有公開的資料集可用，所以這次要從製作資料集開始，再加上這次是使用來路不明的資料集開發演算法，所以若得到奇怪的輸出結果，也無法得知是因為資料集的特性而造成，還是演算法有問題。

Uplift Modeling 需要實驗組與控制組這兩種樣本。這次要利用樣本大小與亂數種子建立傳回轉換率 (is_cv_list)、是否為實驗組 (is_treat_list) 與 8 維的特徵值 (feature_vector_list) 的函數。

這個函數在內部建立了哪些特徵值會造成多少轉換率的權重，各特徵值的值也會對轉換率造成影響。base_weight 是控制組的權重，lift_weight 是介入之後產生變化的權重。

此外，這次的程式碼將 lift_weight 的合計值設定為 0，實驗組與控制組的轉換率也設定為幾乎一致的程度。換言之，就是產生介入行為後，某族群的顧客的轉換率會改善，但是另外一個族群的顧客的轉換率卻會惡化，形成整體未有任何改善的情況。

```python
import random

def generate_sample_data(num, seed=1):
    # 確保傳回的清單
    is_cv_list = []
    is_treat_list = []
    feature_vector_list = []

    # 初始化亂數
    random_instance = random.Random(seed)

    # 設定函數傳回的特徵值
    feature_num = 8
    base_weight = \
        [0.02, 0.03, 0.05, -0.04, 0.00, 0.00, 0.00, 0.00]
    lift_weight = \
        [0.00, 0.00, 0.00, 0.05, -0.05, 0.00, 0.00, 0.00]

    for i in range(num):
        # 以亂數產生特徵值向量
        feature_vector = \
            [random_instance.random()
                for n in range(feature_num)]
        # 以亂數決定是否為實驗組
        is_treat = random_instance.choice((True, False))
        # 求出內部的轉換率
        cv_rate = \
            sum([feature_vector[n] * base_weight[n]
                for n in range(feature_num)])

        if is_treat:
            # 若為實驗組，以 lift_weight 作為權重
```

```
        cv_rate += \
            sum([feature_vector[n] * lift_weight[n]
                for n in range(feature_num)])

    # 決定是否轉換
    is_cv = cv_rate > random_instance.random()

    # 儲存產生的值
    is_cv_list.append(is_cv)
    is_treat_list.append(is_treat)
    feature_vector_list.append(feature_vector)

# 傳回值
return is_cv_list, is_treat_list, feature_vector_list
```

這個函數會產生具有 8 個 **[0, 1]** 的亂數的特徵值（**feature_vector**），接著以亂數決定實驗組或控制組，再依此分別計算內部的轉換率（**cv_rate**）。內部轉換率是由 **feature_vector** 與 **base_weight** 的內積定義，若是實驗組（**is_treat == True**），就再計算 **feature_vector** 與 **lift_weight** 的內積。

若以公式呈現上述內容，可得到下列的公式。此外，「·」代表向量的內積。

$$cv\_rate = \begin{cases} feature\_vector \cdot base\_weight & \dots（控制組的情況） \\ feature\_vector \cdot (base\_weight + lift\_weight) & \dots（實驗組情況） \end{cases}$$

此外，根據 **cv_rate** 的值決定是否轉換 (**is_cv**)。舉例來說，當 **cv_rate** 為 0.3 的時候，代表 **is_cv** 會因為 30% 的機率而為 True。如此一來，就能只觀察 **feature_vector** 與 **is_cv**、**is_treat**，也能建立 **base_weight** 或 **lift_weight** 這類潛在變數無法從外部觀察的樣本資料產生器。

此外，**base_weight** 內建了權重為 0 的變數。這個可以觀察的變數是不會影響轉換的變數，可用來評估模型的體質。

一執行函數，就能得到 is_cv_list、is_treat_list、feature_vector_list 的元
組。下一節要使用這個函數建立 Uplift Modeling 的演算法。

```
generate_sample_data(2)

([False, False],
 [True, False],
 [[0.5692038748222122,
   0.8022650611681835,
   0.06310682188770933,
   0.11791870367106105,
   0.7609624449125756,
   0.47224524357611664,
   0.37961522332372777,
   0.20995480637147712],
  [0.43276706790505337,
   0.762280082457942,
   0.0021060533511106927,
   0.4453871940548014,
   0.7215400323407826,
   0.22876222127045265,
   0.9152706955539223,
   0.9014274576114836]])
```

9.4　使用兩個預測模組的 Uplift Modeling

原始的 Uplift Modeling 會利用實驗組與控制組建立預測模組。

可利用這些預測模型對具有某種特徵向量的顧客預測轉換率。控制組的預測模型可預
測未實施介入行為的轉換率，實驗組的預測模型可預測實施介入行為的轉換率。因
此，同時使用控制組的預測模型與實驗組的預測模型，就能預測轉換率在實施介入行
為之後的變化。

下面的表格是預測模組的輸出結果與 Uplift Modeling 的族群的組合結果。

表 9-4　預測模型的輸出與 Uplift Modeling 的族群

控制組的預測模型的結果	實驗組的預測模型的結果	對應的 Unplift Modeling 的族群
低	低	不感興趣
低	高	可説服
高	低	愛唱反調
高	高	死忠支持

第一步先建立學習用的樣本資料，確認整體的轉換率。

```python
# 產生 train 資料
sample_num = 100000
train_is_cv_list, train_is_treat_list, train_feature_vector_list = \
    generate_sample_data(sample_num, seed=1)


# 將資料分割成 treatment 與 control
treat_is_cv_list = []
treat_feature_vector_list = []
control_is_cv_list = []
control_feature_vector_list = []


for i in range(sample_num):
    if train_is_treat_list[i]:
        treat_is_cv_list.append(train_is_cv_list[i])
        treat_feature_vector_list.append(
            train_feature_vector_list[i])
    else:
        control_is_cv_list.append(train_is_cv_list[i])
        control_feature_vector_list.append(
            train_feature_vector_list[i])


    # 顯示轉換率
    print("treatment_cvr",
            treat_is_cv_list.count(True) / len(treat_is_cv_list))
    print("control_cvr",
            control_is_cv_list.count(True) / len(control_is_cv_list))
```

```
treatment_cvr 0.0309636212163288
control_cvr 0.029544629532529343
```

雖然實驗組的轉換率略高，但也只是 3.10% 與 2.95% 的差距。在 A/B 測試裡，這種差距稱不上顯著差異，所以會判斷這次的實驗失敗。

不過，這次使用的是 Uplift Modeling。這次的目標是根據顧客的特徵值與是否轉換的資訊，鎖定哪些族群會對介入行為產生反應，最後只針對會因為介入行為改善轉換率的族群實施介入行為。

接著是建立學習器，使用 train 資料學習。這次是預測轉換的問題，所以使用這類問題常用的邏輯迴歸進行集群分類。

```python
from sklearn.linear_model import LogisticRegression

# 產生學習器
treat_model = LogisticRegression(C=0.01)
control_model = LogisticRegression(C=0.01)

# 建置學習器
treat_model.fit(treat_feature_vector_list, treat_is_cv_list)
control_model.fit(control_feature_vector_list, control_is_cv_list)
```

接著算出 Uplift Modeling 的分數。

使用兩個預測模型的 Uplift Modeling 可算出控制組與實驗組的預測值。由於這樣不容易操作，讓我們先轉換成一維的值。可說服的顧客與愛唱反調的顧客各有下列結果：

- 控制組的預測值較低、實驗組的預測值較高時，屬於可說服的顧客，所以希望分數高一點。
- 控制組的預測值較高、實驗組的預測值較低時，屬於愛唱反調的顧客，所以希望分數低一點。

因此，可使用預測值的比例或是差距，將可說服的顧客轉換成較高的分數，並讓愛唱反調的顧客轉換成較低的分數。這次使用的是預測值的比。

$$Uplift\ Modeling\ 的分數 = \frac{實驗組的預測值}{控制組的預測值}$$

scikit-learn 的類別分類器具有 predict_proba 函數，傳入特徵向量這個參數，就能得到類別於 numpy.ndarray 陣列的所屬機率。這次的類別分成 True 與 False 兩個，所以參照的是陣列的第一個值。參照 model.classes_ 可了解哪個類別儲存在第幾個元素。此外，model.classes_ 是依照字典的順序排序。

```python
# 更換 seed、產生測試資料
test_is_cv_list, test_is_treat_list, test_feature_vector_list = \
    generate_sample_data(sample_num, seed=42)


# 以兩組的學習器分別預測轉換率
treat_score = treat_model.predict_proba(test_feature_vector_list)
control_score = control_model.predict_proba(test_feature_vector_list)


# 計算分數，分數為實驗組的預測 CVR ／控制組的預測 CVR
# 為了傳回類別所屬機率的列表，predict_proba 參照第一個元素
# 使用的是 numpy.ndarray，所以可直接讓元素相除
score_list = treat_score[:,1] / control_score[:,1]
```

到目前為止，已得到某個顧客因為介入行為而是否產生購買行為的指標。接著要調查這個指標是否能正常發揮效果。

首先以由大至小的順序排序分數，再計算於每 10 百分數的轉換率與進行比較。假設 Uplift Modeling 正常發揮效果，在分數較高時，控制組的轉換率應該較低，實驗組的轉換率應該較高，分數較低時，情況應該反轉才對。

```python
import pandas as pd
import matplotlib.pyplot as plt
```

```python
from operator import itemgetter
plt.style.use('ggplot')
%matplotlib inline

# 以由高至低的順序排序分數
result = list(
    zip(test_is_cv_list, test_is_treat_list, score_list))
result.sort(key=itemgetter(2), reverse=True)

qdf = pd.DataFrame(columns=('treat_cvr', 'control_cvr'))

for n in range(10):
    # 每10%分割一次結果
    start = int(n * len(result) / 10)
    end = int((n + 1) * len(result) / 10) - 1
    quantiled_result = result[start:end]

    # 計算實驗組與控制組的數量
    treat_uu = list(
        map(lambda item: item[1], quantiled_result)
    ).count(True)
    control_uu = list(
        map(lambda item: item[1], quantiled_result)
    ).count(False)

    # 計算實驗組與控制組的轉換數
    treat_cv = [item[0] for item in quantiled_result
                if item[1] is True].count(True)
    control_cv = [item[0] for item in quantiled_result
                  if item[1] is False].count(True)

    # 轉換為轉換率，儲存在顯示專用的 DataFrame
    treat_cvr = treat_cv / treat_uu
    control_cvr = control_cv / control_uu

    label = "{}%~{}%".format(n * 10, (n + 1) * 10)
    qdf.loc[label] = [treat_cvr, control_cvr]
```

```
qdf.plot.bar()
plt.xlabel("percentile")
plt.ylabel("conversion rate")
```

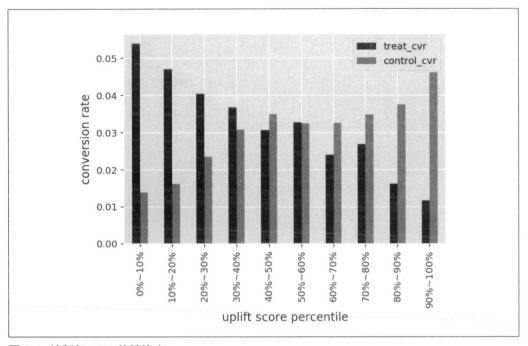

圖 9-1 繪製每 10% 的轉換率

從每 10% 的轉換率來看，分數越高，實驗組的轉換率越高，控制組的轉換率越低，代表 Uplift Modeling 的確正常發揮作用。從上述圖表也可以發現，只對分數前 40% 的族群實施介入行為，即可改善整體的轉換率。

9.5 Uplift Modeling 的評估方法 AUUC

接著要評估 Uplift Modeling。這次使用 Area Under the Uplift Curve（AUUC）指標進行評估。AUUC 的值越大，代表 Uplift Modeling 的性能越優異。

要計算 AUUC 指標可使用 lift 這項指標。lift 是對一定分數以上的顧客實施介入行為，以及對低於一定分數的顧客實施介入行為後，比較在實施介入行為之後，轉換件數增加多少的值。

與隨機實施介入行為相較之後，再正規化 lift 這個代表轉換件數增加多少的值，就是 AUUC 這個指標。

因此，要算出 AUUC 必須執行下列的步驟：

1. 取得由高至低的分數，計算截至目前為止的轉換率。
2. 根據轉換率的差距計算介入行為實施後的轉換率上升數值（lift）。
3. 以隨機實施介入行為為前提，將 lift 的原點與終點連成的直線當成基線（base_line）。
4. 計算 lift 與 base_line 圍出的面積，再加以正規化，算出 AUUC 指標。

根據上述步驟撰寫的程式碼如下：

```python
# 依照分數順序計算
treat_uu = 0
control_uu = 0
treat_cv = 0
control_cv = 0
treat_cvr = 0.0
control_cvr = 0.0
lift = 0.0

stat_data = []

for is_cv, is_treat, score in result:
    if is_treat:
        treat_uu += 1
        if is_cv:
            treat_cv += 1
        treat_cvr = treat_cv / treat_uu
```

```
        else:
            control_uu += 1
            if is_cv:
                control_cv += 1
            control_cvr = control_cv / control_uu

        # 在轉換率的差乘上實驗組人數，算出 lift
        # 由於是 CVR 的差，所以就算實驗組與控制組的大小不同，也可以算出來
        lift = (treat_cvr - control_cvr) * treat_uu

        stat_data.append(
        [is_cv, is_treat, score, treat_uu, control_uu,
         treat_cv, control_cv, treat_cvr, control_cvr, lift])

# 將統計資料轉換成 DataFrame
df = pd.DataFrame(stat_data)
df.columns = \
    ["is_cv", "is_treat", "score", "treat_uu",
     "control_uu", "treat_cv", "control_cv",
     "treat_cvr", "control_cvr", "lift"]

# 加入基線
df["base_line"] = \
    df.index * df["lift"][len(df.index) - 1] / len(df.index)

# 繪製成視覺資料
df.plot(y=["treat_cv", "control_cv"])
plt.xlabel("uplift score rank")
plt.ylabel("conversion count")

df.plot(y=["treat_cvr", "control_cvr"])
plt.xlabel("uplift score rank")
plt.ylabel("conversion rate")

df.plot(y=["lift", "base_line"])
plt.xlabel("uplift score rank")
plt.ylabel("conversion lift")
```

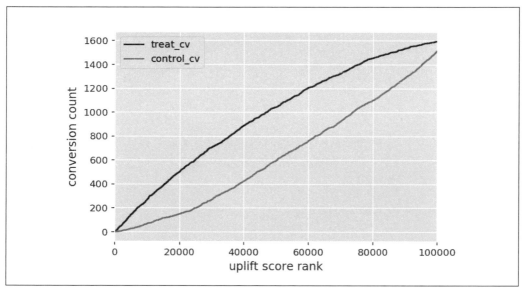

圖 9-2 實驗組與介入組的轉換件數比較

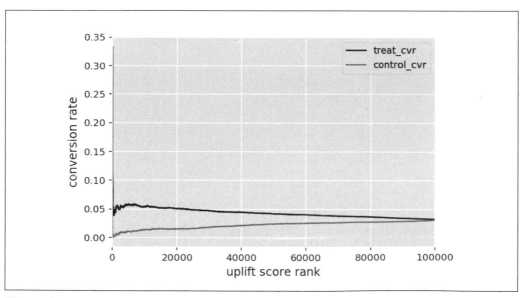

圖 9-3 實驗組與介入組的轉換率比較

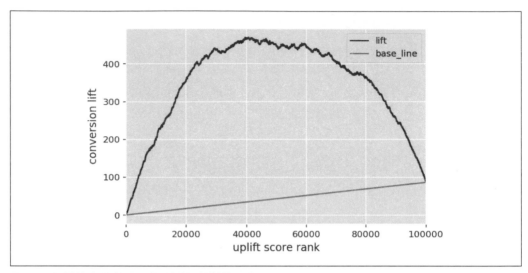

圖 9-4 從轉換率的差距可推測增加的轉換件數

接著要求出 AUUC。AUUC 是將 lift 與 base_line 圍出的區域正規化所求出的面積，可利用下列的程式碼求出。

```
auuc = (df["lift"] - df["base_line"]).sum() / len(df["lift"])
print("AUUC:", auuc)
```

AUUC: 302.246369848

Uplift Modeling 的精確度越高，分數越前面的實驗組越多會購買的顧客，而分數越前面的控制組則會越多不購買的顧客。分數越後面的情況則相反。所以 lift 的曲線在一開始會具有正斜率，代表有很多會購買的顧客集中在實驗組，而且精確度越高，斜率越陡，最後則是因為許多不會購買的顧客集中在控制組的部分，所以傾斜變成負的，精確度越高，斜率也越陡。基於上述情況，lift 曲線會在精確度越高時，越往上面凸，lift 與 base_line 圍出的面積也越大，AUUC 的分數也越高。

實務運用時，會依照分數高低決定是否實施介入行為，而要決定超過多少分數就實施介入行為時，必須繪製橫軸為分數的 Lift 圖表。

```
df.plot(x="score", y=["lift", "base_line"])
plt.xlabel("uplift score")
plt.ylabel("conversion lift")
```

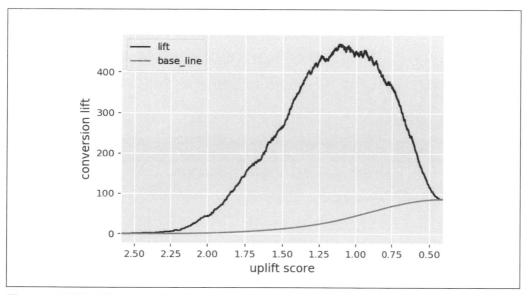

圖 9-5　以分數為橫軸的 Lift 圖表

從上圖可知，在 Uplift Modeling 的分數超過 1.2 之際實施介入行為，可讓 Lift 最大化，所以在實務運用時，可利用這次建立的模型預測，一旦 Uplift Modeling 的分數超過 1.2，就實施介入行為。

這次撰寫了具有兩個學習器的陽春版 Uplift Modeling。Uplift Modeling 還有不同的版本，例如使用決定樹的版本或使用擴充 SVM 演算法的版本[3]。只要資料集相同，就算更換參數或運算法，也能利用 AUUC 預測。在實務運用裡，會利用 AUUC 的值比較不同的演算法，或是執行參數的網格搜尋，找出最佳的條件。

3　可參考波蘭科學院 Szymon Jaroszewicz 博士的論文：http://www.ipipan.waw.pl/~sj/。

9.6 於實務問題的應用

本節要確認剛剛建立的演算法在實務上的應用。這次要使用的是 The MineThatData E-Mail Analytics And Data Mining Challenge[4] 資料夾 [5]。這份資料是過去 12 個月對曾經購買商品的顧客，隨機實施「寄送適合男性顧客的郵件」、「寄送適合女性顧客的郵件」、「不寄送郵件」這三種介入行動，再確認郵件是否促使顧客造訪網站或購買商品。資料的內容如下表所示。

表 9-5 資料集的內容

欄位名稱	內容
recency	上次購買商品之後，經過了幾個月
history_segment	過去一年總消費金額的族群
history	過去一年實際花費的金額
mens	過去一年曾買過男性取向的商品嗎
womens	過去一年曾買過女性取向的商品嗎
zip_code	以 Urban（都市）、Suburban（郊外）、Rual（地區）分類郵遞區號
newbie	是否為過去 12 個月之內的新顧客
channel	過去一年，顧客購買的頻道
segment	對顧客寄送了何種郵件
visit	收到郵件後，是否在兩週內造訪網站
conversion	收到郵件後，是否在兩週內購買商品
spend	收到郵件後，兩週內的消費金額

4　http://blog.minethatdata.com/2008/03/minethatdata-e-mail-analytics-anddata.html

5　http://www.minethatdata.com/Kevin_Hillstrom_MineThatData_E-MailAnalytics_DataMiningChallenge_2008.03.20.csv

這次處理的問題是，該對某位顧客寄送男性取向的郵件，還是寄送女性取向的郵件，轉換所得的效果就是再次造訪網站。

先載入資料，再將資料儲存在本地端。

```
import urllib.request
csv_url = "http://www.minethatdata.com/Kevin_Hillstrom_MineThatData_
E-MailAnalytics_DataMiningChallenge_2008.03.20.csv"
csv_filename = "source_data.csv"
with open(csv_filename, "w") as fp:
    data = urllib.request.urlopen(csv_url).read()
    fp.write(data.decode("ascii"))
```

接著利用 pandas 載入 CSV 檔案，確認檔案結構

```
import pandas as pd
source_df = pd.read_csv(csv_filename)
source_df.head(10)
```

	recency	history_segment	history	mens	womens	zip_code	newbie	channel	segment	visit	conversion	spend
0	10	2) 100—200	142.44	1	0	Surburban	0	Phone	Womens E-Mail	0	0	0.0
1	6	3) 200—350	329.08	1	1	Rural	1	Web	No E-Mail	0	0	0.0
2	7	2) 100—200	180.65	0	1	Surburban	1	Web	Womens E-Mail	0	0	0.0
3	9	5) 500—750	675.83	1	0	Rural	1	Web	Mens E-Mail	0	0	0.0
4	2	1) 0—100	45.34	1	0	Urban	0	Web	Womens E-Mail	0	0	0.0
5	6	2) 100—200	134.83	0	1	Surburban	0	Phone	Womens E-Mail	1	0	0.0
6	9	3) 200—350	280.20	1	0	Surburban	1	Phone	Womens E-Mail	0	0	0.0
7	9	1) 0—100	46.42	0	1	Urban	0	Phone	Womens E-Mail	0	0	0.0
8	9	5) 500—750	675.07	1	1	Rural	1	Phone	Mens E-Mail	0	0	0.0
9	10	1) 0—100	32.84	0	1	Urban	1	Web	Womens E-Mail	0	0	0.0

圖 9-6 確認資料結構

這次要處理的是「該寄送的是男性取向還是女性取向的郵件」這個問題，所以捨棄「不寄送郵件」的實驗資料。

```
mailed_df = source_df[source_df["segment"] != "No E-Mail"]
mailed_df = mailed_df.reset_index(drop=True)
mailed_df.head(10)
```

	recency	history_segment	history	mens	womens	zip_code	newbie	channel	segment	visit	conversion	spend
0	10	2) 100–200	142.44	1	0	Surburban	0	Phone	Womens E-Mail	0	0	0.0
1	7	2) 100–200	180.65	0	1	Surburban	1	Web	Womens E-Mail	0	0	0.0
2	9	5) 500–750	675.83	1	0	Rural	1	Web	Mens E-Mail	0	0	0.0
3	2	1) 0–100	45.34	1	0	Urban	0	Web	Womens E-Mail	0	0	0.0
4	6	2) 100–200	134.83	0	1	Surburban	0	Phone	Womens E-Mail	1	0	0.0
5	9	3) 200–350	280.20	1	0	Surburban	1	Phone	Womens E-Mail	0	0	0.0
6	9	1) 0–100	46.42	0	1	Urban	0	Phone	Womens E-Mail	0	0	0.0
7	9	5) 500–750	675.07	1	1	Rural	1	Phone	Mens E-Mail	0	0	0.0
8	10	1) 0–100	32.84	0	1	Urban	1	Web	Womens E-Mail	0	0	0.0
9	7	5) 500–750	548.91	0	1	Urban	1	Phone	Womens E-Mail	1	0	0.0

圖 9-7 捨棄「不寄送郵件」的資料

zip_code 與 channel 屬於分類變數,所以要展開成虛擬變數,藉此建立特徵向量。

```
dummied_df = pd.get_dummies(
    mailed_df[["zip_code", "channel"]], drop_first=True)
feature_vector_df = \
    mailed_df.drop(
        ["history_segment", "zip_code", "channel",
        "segment", "visit", "conversion", "spend"],
        axis=1)
feature_vector_df = feature_vector_df.join(dummied_df)
feature_vector_df.head(10)
```

	recency	history	mens	womens	newbie	zip_code_Surburban	zip_code_Urban	channel_Phone	channel_Web
0	10	142.44	1	0	0	1	0	1	0
1	7	180.65	0	1	1	1	0	0	1
2	9	675.83	1	0	1	0	0	0	1
3	2	45.34	1	0	0	0	1	0	1
4	6	134.83	0	1	0	1	0	1	0
5	9	280.20	1	0	1	1	0	1	0
6	9	46.42	0	1	0	0	1	1	0
7	9	675.07	1	1	0	0	0	1	0
8	10	32.84	0	1	1	0	1	0	1
9	7	548.91	0	1	1	0	1	1	0

圖 9-8 將分類變數展開為虛擬變數

在男性取向郵件貼上 Treat 這個旗標,而造訪網站是這次的轉換結果,一樣貼上旗標。

```
is_treat_list = list(mailed_df["segment"] == "Mens E-Mail")
is_cv_list = list(mailed_df["visit"] == 1)
```

接著利用 scikit-learn 的 **train_test_split** 隨機將資料分成學習資料與訓練資料。**train_test_split** 可接收相同長度的多個列表,再傳回學習資料與訓練資料。**test_size** 為測試資料的比率,可利用 **[0, 1]** 指定大小。指定 **random_state** 可固定分割資料的方法。

```
from sklearn.model_selection import train_test_split

train_is_cv_list, test_is_cv_list, train_is_treat_list,
test_is_treat_list, train_feature_vector_df,
test_feature_vector_df = \
    train_test_split(is_cv_list, is_treat_list,
                     feature_vector_df, test_size=0.5,
                     random_state=42)
# 重設 index
train_feature_vector_df = \
    train_feature_vector_df.reset_index(drop=True)
```

```
test_feature_vector_df = \
    test_feature_vector_df.reset_index(drop=True)
```

建立實驗組與控制組的學習器再進行學習。

```
train_sample_num = len(train_is_cv_list)

treat_is_cv_list = []
treat_feature_vector_list = []
control_is_cv_list = []
control_feature_vector_list = []

for i in range(train_sample_num):
    if train_is_treat_list[i]:
        treat_is_cv_list.append(train_is_cv_list[i])
        treat_feature_vector_list.append(
            train_feature_vector_df.loc(i))
    else:
        control_is_cv_list.append(train_is_cv_list[i])
        control_feature_vector_list.append(
            train_feature_vector_df.loc(i))

from sklearn.linear_model import LogisticRegression
treat_model = LogisticRegression(C=0.01)
control_model = LogisticRegression(C=0.01)

treat_model.fit(treat_feature_vector_list,
                treat_is_cv_list)
control_model.fit(control_feature_vector_list,
                  control_is_cv_list)
```

後續的統計以及視覺資料的繪製與前一節的程式碼相同,故省略不介紹,只繪製
圖表。

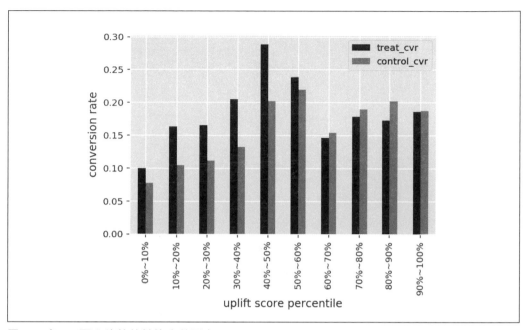

圖 9-9 每 10 百分位數的轉換率的圖表

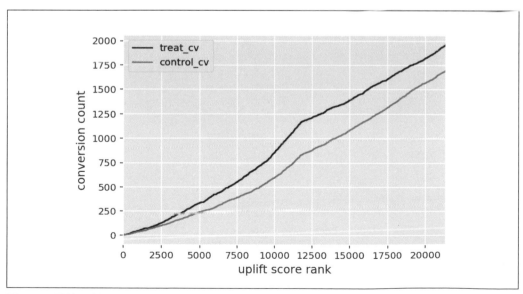

圖 9-10 轉換件數的比較

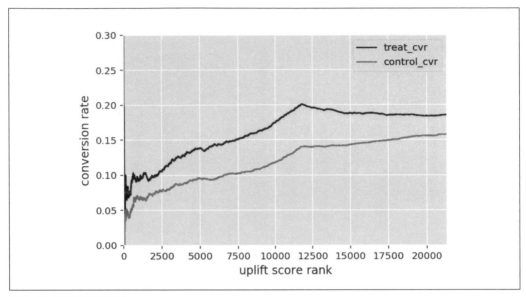

圖 9-11 轉換率的比較

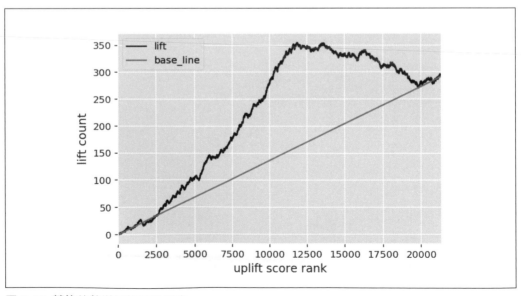

圖 9-12 轉換件數增加趨勢的圖表

從每 10 百分位數的轉換率比較圖可知，分數為前 60% 的族群對女性取向的郵件反應較差，男性取向的郵件更有反應。反之，分數為後 40% 的族群對女性取向郵件的反應則稍微好一點。

基於上述結果，對分數為前 60% 的族群寄送男性取向郵件，對分數為後 40% 的族群寄送女性取向郵件，應該可創造更佳的廣告郵件效果。

9.7　如何於正式環境使用 Uplift Modeling？

要在正式環境使用 Uplift Modeling 必須透過下列的流程。1 ～ 5 的部分已在前面製作運算法以及確認結果的過程實施，若要在正式環境下執行，就必須再加上 6 ～ 11 的步驟。

1. 設計要實驗的介入行為，決定實驗組與控制組的實驗內容
2. 對部分顧客實施隨機對照試驗
3. 將隨機對照試驗的結果分成學習資料與測試資料
4. 根據學習資料建立 Uplift Modeling 的預測器
5. 根據測試資料繪製 Uplift Modeling 的分數預測結果圖表，確認運作結果
6. 根據 Uplift Modeling 的分數圖表決定對多少分數以上的顧客才實施介入行為
7. 針對其餘顧客預測 Uplift Modeling 的分數
8. 根據預測所得的分數篩出要實施介入行為的目標顧客
9. 從篩出的顧客之中選出部分不實施介入行為的對照組，其餘的顧客則設定為介入組
10. 對介入組實施介入行為
11. 比較介入組與對照組的轉換率，測量介入行為的效果

將上述於正式環境應用的流程繪製成圖，就是下列的內容。

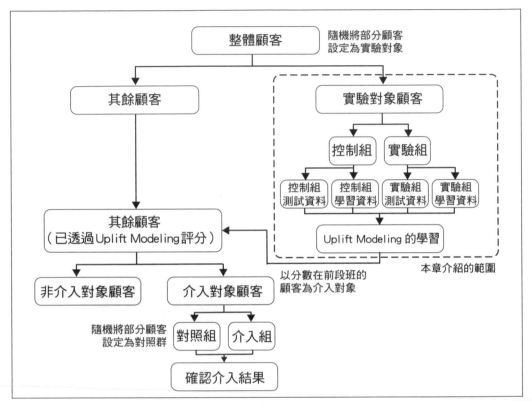

圖 9-13 於正式環境應用 Uplift Modeling 的流程

超過一定分數的顧客不需建立對照組,也能全面實施介入行為。不過此時只能透過測試資料求出的推測值了解轉換率增加多少。

透過上述流程於正式環境應用 Uplift Modeling,可驗證轉換率會在實施 Uplift Modeling 之後增加多少,也能利用 Uplift Modeling 求得的業績佐證自己的主張。

 Uplift Modeling 的知名度較低,也難以主張效果,所以建議建立介入組與對照組。

9.8 本章總結

本章說明了 Uplift Modeling 的概要，也撰寫了陽春版的演算法。

Uplift Modeling 可使用隨機對照試驗與組合顧客的特徵值，建立找出潛在顧客的模型，也能針對因介入行為就購買商品的顧客實施介入行為，還能找出因介入行為而減少購買商品的族群，減少介入行為的成本。

因此，比起對整體顧客實施介入行為，Uplift Modeling 能得到更高的轉換率，也能大幅刪減行銷費用，更有效率地分配行銷預算。

參考文獻

[sklearn_ml_book]　Andreas C. Muller, Sarah Guido『Python ではじめる機械学習─scikit-learn で学ぶ特徴量エンジニアリングと機械学習の基礎』, 中田秀基 訳, オライリー・ジャパン, 2017 年

[python_ml]　Sebatian Raschka 著『Python 機械学習プログラミング 達人データサイエンティストによる理論と実践』, 株式会社クイープ 訳, 福島真太郎 監訳, インプレス, 2016 年

[jupyter_book]　池内 孝啓, 片柳 薫子, 岩尾 エマ はるか, @driller『Python ユーザのための Jupyter[実践] 入門』, 技術評論社, 2017 年

[dlscratch]　斎藤康毅『ゼロから作る Deep Learning ─Python で学ぶディープラーニングの理論と実装』, オライリー・ジャパン, 2016 年

[leanstartup]　エリック・リース『リーン・スタートアップ ─ムダのない起業プロセスでイノベーションを生みだす』, 日経 BP, 2012 年

[runninglean]　アッシュ・マウリャ『Running Lean ─実践リーンスタートアップ』, 角征典 訳, オライリー・ジャパン, 2012 年

[leananalytics]　アリステア・クロール, ベンジャミン・ヨスコビッツ『Lean Analytics─スタートアップのためのデータ解析と活用法』, 角征典 訳, オライリー・ジャパン, 2015 年

[dsculley]　Sculley, D., Todd Phillips, Dietmar Ebner, Vinay Chaudhary, and Michael Young "Machine learning: The high-interest credit card of technical debt." 2014 年

[mlbestpractice]　Martin Zinkevich "Rules of Machine Learning: Best Practices for ML Engineering", http://martin.zinkevich.org/rules_of_ml/rules_of_ml.pdf

[xgboost]　Chen, Tianqi, and Carlos Guestrin "XGBoost: A Scalable Tree Boosting System" arXiv preprint arXiv:1603.02754, 2016 年

[sgb]　Friedman, Jerome H. "Stochastic gradient boosting." Computational Statistics & Data Analysis 38.4 2002 年 , p367-378

[gb]　小林淳一 , 高本和明「 確率勾配ブースティングを用いたテレコムの契約者行動予測モデルの紹介（KDD Cup 2009 での分析より）」データマイニングと統計数理研究会（第 12 回）

[bergstra]　Bergstra, James, and Yoshua Bengio "Random search for hyper-parameter optimization." The Journal of Machine Learning Research 13.1 2012 年 , p281-305

[tpe]　Bergstra, James S., et al. "Algorithms for hyper-parameter optimization." Advances in Neural Information Processing Systems. 2011 年

[tsne]　van der Maaten, L.J.P.; Hinton, G.E. "Visualizing High-Dimensional Data Using t-SNE." Journal of Machine Learning Research 9:2579-2605, 2008 年

[transfer]　神嶌敏弘「 転移学習」人工知能学会誌 25.4, 2010 年 , p572-580

[reinforcement-learning]　牧野貴樹 , 澁谷長史 , 白川 真一ら『 これからの強化学習』, 森北出版 , 2016 年

[ideanormaly]　井手剛『 入門 機械学習による異常検知 ―R による実践ガイド』, コロナ社 , 2015 年

[ideanormaly2] 井手剛, 杉山将『異常検知と変化検知』, 講談社, 2015 年

[kamishima] 神嶌 敏弘「推薦システムのアルゴリズム」, http://www.kamishima.net/archive/recsysdoc.pdf, 2015 年

[grouplens] Resnick, Paul, and Hal R. Varian. "Recommender systems." Communications of the ACM 40.3, 1997 年, p56-58

[sarwar2001] Sarwar, Badrul, et al. "Item-based collaborative filtering recommendation algorithms." Proceedings of the 10th international conference on World Wide Web. ACM, 2001 年

[fm2012] Rendle, Steffen. "Factorization machines with libfm." ACM Transactions on Intelligent Systems and Technology (TIST) 3.3, 2012 年, p57

[implicitfm] Hu, Yifan, Yehuda Koren, and Chris Volinsky. "Collaborative filtering for implicit feedback datasets." Data Mining, 2008. ICDM'08. Eighth IEEE International Conference on. IEEE, 2008 年

[schafer] Schafer, J. Ben, Joseph A. Konstan, and John Riedl. "E-commerce recommendation applications." Applications of Data Mining to Electronic Commerce. Springer US, 2001 年 p115-153

[contextawarerecom] Adomavicius, Gediminas, and Alexander Tuzhilin. "Context-aware recommender systems." Recommender systems handbook. Springer US, 2011 年 p217-253

[Netflix_16] Gomez-Uribe, Carlos A., and Neil Hunt. "The netflix recommender system: Algorithms, business value, and innovation." ACM Transactions on Management Information Systems (TMIS) 6.4, 2016 年, p13

[Sculley_15]　Sculley, D., et al. "Hidden technical debt in machine learning systems." Advances in Neural Information Processing Systems. 2015 年

[自然科学の統計学]　東京大学教養学部統計学教室 , ed.『 自然科学の統計学』東京大学出版会 , 1992 年

[Benjamin_17]　Benjamin, Daniel J., et al.『Redefine statistical significance.』Nature Human Behaviour, 2017 年

[瀬々 15]　瀬々 潤 , 浜田 道昭『 生命情報処理における機械学習 ―多重検定と推定量設計』, 講談社 , 2015 年

[岩波データサイエンス Vol3]　岩波データサイエンス刊行委員会 , 岩波データサイエンス Vol. 3, 岩波書店 , 2016 年

[Microsoft_17]　A/B Testing at Scale Tutorial, http://exp-platform.com/2017abtestingtutorial/

[David_17]　Peeking at A/B Tests: Why it matters, and what to do about it, David Walsh (Stanford University), Ramesh Johari (Stanford University), Leonid Pekelis (Stanford University)

[ヤバい予測学]　エリック・シーゲル『 ヤバい予測学 ―「 何を買うか 」から「 いつ死ぬか 」まであなたの行動はすべて読まれている 』, 矢羽野薫 訳 , 阪急コミュニケーションズ , 2013 年

結語

近年來，機器學習的環境產生目不暇給的激烈變化，作者之一的有賀從 2015 年開始撰寫本書，過程中的兩年也發現機器學習發生了許多變化，尤其深度學習的變化特別明顯，2012 年 Hinton 在 ILSVCR（The ImageNet Large Scale Visual Recognition Challenge）利用深度學習大獲全勝後，機器學習也在研究機構之間蔓延。此外，隨著 TensorFlow 在 2015 年發表，機器學習也在一般的軟體工程師之間呈爆發性的普及。其間也發生了 Pylearn2 或 Theano 這類對深度學習做巨大貢獻的 Framework 停止開發的事件。透過深度學習完成的影像物體辨識、語音辨識、語音合成、機械翻譯已融入我們的日常生活，我也深深地感受到，眼前正掀起典範轉移的現象，如同我們再也回不到沒有智慧型手機的時代。

之所以能在機器學習的浪潮之中持續撰寫本書，是因為每當被同事問到類似的機器學習問題時，都覺得現有的理論類書籍與實作類書籍無法完整回答，也覺得應該還有很多是大家都應該知道的業務知識。我心想，這或許是因為在探索性的分析經驗不足，抑或機器學習與大部分軟體工程師熟知的電腦系統有著不同的特性，所以才無法擁有我們從資料分析學到的經驗與知識。本書之所以故意不深入深度學習，只以傳統的機器學習為主題，是希望透過本書告訴大家我們從平常執行的業務所學到的知識。本書若能幫助少有機會接觸這類主題的自學者，在工作上應用機器學習的知識，那將是作者的無上榮幸。

致謝

若非各界貴人相助，本書絕無機會付梓成冊。

感謝小宮篤史先生願意接受採訪，告訴我們網路廣告的現況與知識。感謝 shingo 先生對於 A/B 測試與效果驗證的指導。

感謝源自 Python 業界旅行的社群 PySpa 給予的意見，以及西尾泰和先生、上西康太先生、奧田順一先生、澀川 yoshiki 先生、若山史郎先生、山本早人先生、takabow 先生、d1ce_ 先生接受採訪。西尾先生尤其在理論與歷史的層面給予許多意見，而奧田先生則給予許多有關數學的意見，上西先生則從目標讀者的軟體工程師的角度給予許多多元化的意見。與各位貴人的討論，著實讓本書的品質提升不少。

本書是以在 2017 年 4 月舉辦的技術書典 2 ——同人誌展示現場銷售會發表的《BIG MOUSE DATA 2017 SPRING》同人誌作為登場舞台。當時由有賀執筆的書遲遲未能出版，所以就抱著「反正出不了，大家就把自己放了很久的分析結果做成同人誌出版吧」，然後開始出版本書的專案，結果居然得到不錯的評價，O'Reilly Japan 也提供發行商業版的機會。在此對主辦技術書典的 TechBooster、達人出版會、經營團隊、幫忙同人誌版出版的坪井創吾先生與 hirekoke 先生致上感謝。

感謝從企劃的談論、編輯、圖表、作者的健康無一不管的瀧澤，若沒有他，本書絕對沒有機會出版，很感謝他總是在我們背後助一臂之力。同時感謝給予本書出版機會的 SB Creative 的杉山先生。

感謝長期給予體諒與支持有賀的有賀惠理子、結歌與夏織。

索引

※ 提醒您：由於翻譯書排版的關係，部分索引名詞的對應頁碼會和實際頁碼有一頁之差。

作者簡介

有賀康顯

歷任電機製造商的研究所、食譜服務的公司後,目前任職於 Cloudera 服務,擔任現場數據工程師負責應用資料與支援機器學習。

- https://twitter.com/chezou
- https://www.slideshare.net/chezou
- https://chezo.uno/

中山心太

歷任電話公司的研究所、社群遊戲的公司、以機器學習進行網頁行銷的公司、自由職業者之後,創立 Next Int 公司至今。除了開發自家公司的服務之外,也受理遊戲開發企劃與機器學習的委託案件。

從事機器學習、遊戲設計、商業設計、新事業企劃這類工作,是知識廣而不深的高級雜工。

- https://twitter.com/tokoroten
- https://www.slideshare.net/TokorotenNakayama
- https://medium.com/@tokoroten/

西林孝

目前是名軟體工程師。歷任獨立軟體供應商之後,目前任職於 VOYAGE GROUP 股票有限公司,負責開發網路廣告寄送服務的廣告寄送邏輯。

- https://hagino3000.blogspot.jp/
- https://speakerdeck.com/hagino3000
- https://twitter.com/hagino3000

出版記事

本書的封面動物是巨犰狳 (Giant armadillo)，屬於有甲目倭犰狳科大犰狳屬的哺乳類，大犰狳屬也只有這種犰狳。

巨犰狳是於南美的熱帶草原到熱帶雨林如此廣泛的範圍棲息，屬於夜行性動物的牠一旦察覺到危險，就會立刻躲進洞裡，所以很難找到牠的蹤跡。大型的巨犰狳的體長可到 150 公分，體重也可達 50 公斤。背部雖然有堅硬的鱗片覆蓋，但其實這個鱗片只是變成鱗片狀的體毛。犰狳會縮成一球，保護自己，但巨犰狳則沒有這個習性。

巨犰狳棲息在森林以及周邊的草原，也喜歡水邊，主要的食物是白蟻，也吃其他種類的螞蟻或昆蟲、幼蟲、蜘蛛、蚯蚓、蛇、動物屍體與植物。牠會以前腳挖開蟻塚或地面，吃掉躲在裡面的獵物。由於身體的局部是可食用的，所以遭到濫捕，存活數量也因此銳減，也被歸類為非常可能滅絕的動物，國際自然保育聯盟 (IUCN) 的瀕危物種紅皮書也將牠歸類為瀕危物種 II 類 (易危)。

機器學習｜工作現場的評估、導入與實作

作　　者：有賀康顯 / 中山心太 / 西林孝
譯　　者：許郁文
企劃編輯：莊吳行世
文字編輯：江雅鈴
設計裝幀：陶相騰
發 行 人：廖文良

發 行 所：碁峰資訊股份有限公司
地　　址：台北市南港區三重路 66 號 7 樓之 6
電　　話：(02)2788-2408
傳　　真：(02)8192-4433
網　　站：www.gotop.com.tw
書　　號：A576
版　　次：2018 年 09 月初版
建議售價：NT$580

國家圖書館出版品預行編目資料

機器學習：工作現場的評估、導入與實作 / 有賀康顯, 中山心太, 西林孝原著；許郁文譯. -- 初版. -- 臺北市：碁峰資訊, 2018.09
面；　公分
ISBN 978-986-476-899-8(平裝)
1.人工智慧
312.831　　　　　　　　　　　　　　　　　107013802

讀者服務

● 感謝您購買碁峰圖書，如果您對本書的內容或表達上有不清楚的地方或其他建議，請至碁峰網站：「聯絡我們」\「圖書問題」留下您所購買之書籍及問題。(請註明購買書籍之書號及書名，以及問題頁數，以便能儘快為您處理)
http://www.gotop.com.tw

● 售後服務僅限書籍本身內容，若是軟、硬體問題，請您直接與軟體廠商聯絡。

● 若於購買書籍後發現有破損、缺頁、裝訂錯誤之問題，請直接將書寄回更換，並註明您的姓名、連絡電話及地址，將有專人與您連絡補寄商品。

● 歡迎至碁峰購物網
http://shopping.gotop.com.tw
選購所需產品。